incipit
36

Telmo Pievani è professore associato di Filosofia della Scienza presso l'Università degli studi di Milano Bicocca e conduce le sue ricerche nel campo della filosofia della biologia. È membro dell'Editorial Board di «Evolutionary Biology» e di «Evolution: Education and Outreach», direttore di «Pikaia – Il portale dell'evoluzione» e segretario del Consiglio Scientifico del Festival della Scienza di Genova. Tra le sue pubblicazioni: *Homo sapiens e altre catastrofi* (2002); *Introduzione alla filosofia della biologia* (2005); *La teoria dell'evoluzione* (2006); *Creazione senza Dio* (2006); *In difesa di Darwin* (2007).

Stephen J. Gould ed Elisabeth S. Vrba

Exaptation
Il bricolage dell'evoluzione

A cura di Telmo Pievani

Traduzione di Chiara Ceci

Bollati Boringhieri

Prima edizione 2008
Ristampa aprile 2025

Titoli originali dei testi pubblicati

Exaptation. A Missing Term in the Science of Form, in «Paleobiology», vol. 8, pp. 4-15

The Hierarchical Expansion of Sorting and Selection. Sorting and Selection Cannot Be Equated, in «Paleobiology», vol. 12, pp. 217-28

Torino, corso Vittorio Emanuele II, 86
Gruppo editoriale Mauri Spagnol

ISBN 978-88-339-1946-1

www.bollatiboringhieri.it

Stampato da Rotomail Italia S.p.A. di Vignate (Mi)

MISTO
Carta | A sostegno della gestione forestale responsabile
FSC® C109190

Exaptation. Il bricolage dell'evoluzione

Exaptation: un termine che mancava nella scienza della forma

Stephen J. Gould ed Elisabeth S. Vrba

L'adattamento degli organismi è stato definito e riconosciuto attraverso due differenti criteri: la genesi storica, quando intendiamo caratteristiche costruite dalla selezione naturale per svolgere il loro ruolo presente, e l'utilità attuale, quando invece intendiamo caratteristiche che adesso aumentano le capacità di sopravvivenza indipendentemente da come siano comparse nella storia. I biologi spesso non hanno riconosciuto la potenziale confusione tra queste diverse definizioni, perché è prevalsa la tendenza a considerare la selezione naturale in modo talmente dominante tra i meccanismi evolutivi che il processo storico e il prodotto attuale sono diventati una cosa sola. Tuttavia, se molti caratteri degli organismi non sono adattati, ma sono disponibili per una cooptazione utile nei discendenti, significa che un importante concetto non possiede un nome nel nostro lessico (e le idee senza nome solitamente restano trascurate). Manca cioè un nome per definire i caratteri che oggi aumentano le capacità di sopravvivenza, ma che non sono stati modellati dalla selezione naturale per il loro ruolo attuale. Noi proponiamo che tali caratteri siano chiamati *exaptations*[1] e che il termine «adattamento» sia riservato, come Darwin peraltro suggerì, alle caratteristiche modellate dalla selezione naturale per il loro utilizzo corrente.

1. *Introduzione*

Vorremmo suggerire un termine per un elemento che manca nella tassonomia della morfologia evolutiva. I termini di per sé sono banali, ma le tassonomie rivisitate per un differente ordine di pensiero non sono prive di interesse. Le tassonomie non sono neutrali, come appendiabiti arbitrari per un insieme di concetti invarianti. Esse riflettono (o addirittura creano) diverse teorie sulla struttura del mondo. Come Michel Foucault ha elegantemente mostrato in molti libri (1961 e 1971, ad

[1] Benché nella letteratura sull'argomento, scientifica e non, sia stato talvolta tradotto con «exattamento», «esattamento» o «exadattamento», preferiamo qui non introdurre un neologismo anche in italiano e lasciare il termine inglese, la cui costruzione viene spiegata nel seguito dell'articolo. L'aggettivo corrispondente (*exaptive*) verrà invece tradotto con «exattativo». [*N.d.C.*]

esempio), quando capisci perché la gente classifica in un certo modo capisci anche come pensa.

Le tassonomie che si succedono nel corso del tempo sono come le tracce fossili di cambiamenti sostanziali avvenuti nella cultura umana. A metà del XVII secolo, i folli erano confinati in istituzioni specifiche insieme agli indigenti e ai disoccupati, portando così a compimento una lunga tradizione di esilio e di tolleranza per l'insano. Ma quale che sia il terreno comune per una tassonomia che mischi i folli e i disoccupati, a noi pare assurda. Foucault sostiene che il «carattere chiave» per «la categoria tassonomica più alta» era l'ozio, cioè il peccato e il pericolo cardinale in un'era alle soglie del commercio globale e dell'industria (l'interpretazione di Foucault è stata però messa in discussione dallo storico della scienza inglese Roy Porter). In altri sistemi di pensiero, quello che a noi sembra periferico diventa centrale e viceversa distinzioni per noi essenziali non contano nulla (come, per esempio, se l'ozio è internamente inevitabile, come nella follia, oppure imposto dall'esterno come nella disoccupazione).

2. *Due significati di adattamento*

Nel linguaggio comune, e nelle scienze diverse dalla biologia evoluzionistica, la parola «adattamento» ha molteplici significati tutti coerenti con l'etimologia di *ad+aptus*, ovvero tendere ad adeguarsi a una funzione particolare. Quando adattiamo uno strumento per un nuovo ruolo, cambiamo consciamente il suo progetto affinché funzioni bene per il suo scopo designato. Quando i creazionisti prima di Darwin parlavano di adattamento – giacché il termine precede largamente il pensiero evoluzionistico – si riferivano all'azione intelligente di Dio nel progettare gli organismi per ruoli definiti. Quando i fisiologi affermano che i polmoni più grandi delle popolazioni andine sono un adattamento al clima locale, intendono un cambiamento diretto per una migliore funzione. In breve, tutti questi significati fanno riferimento a processi storici di cambiamento o di creazione per assolvere funzioni definite. L'adattamento è progettato specificamente per l'obiettivo che deve raggiungere.

In biologia evoluzionistica, tuttavia, incontriamo due diversi significati – e una possibile confusione di concetti – per strutture chiamate «adattamenti». La prima accezione è coerente con gli usi di senso comune sopra citati: un carattere è un adattamento solo se è stato costruito dalla selezione naturale per la funzione a cui adesso adempie. La seconda definisce invece l'adattamento in un modo statico o immediato, cioè come ogni caratteristica che migliora le capacità di sopravvivenza attuali indifferentemente dalla sua origine storica. Come ulteriore motivo di confusione, la parola adattamento si riferisce sia a un processo sia a uno stato di fatto. Noi qui discutiamo soltanto dello stato di fatto, cioè di caratteristiche che contribuiscono alla sopravvivenza.

George C. Williams, nel suo libro ormai classico sull'adattamento, ha riconosciuto questo dilemma e ha ristretto il termine al suo primo, e più stringente, significato. Dovremmo parlare di adattamento, egli sostiene, soltanto quando possiamo «attribuire l'origine e la perfezione di questo progetto a un lungo periodo di selezione per la sua efficacia nello svolgere quel particolare ruolo» (1966, p. 6). Nella sua terminologia, «funzione» si riferisce solo all'operazione di adattarsi. Williams, inoltre, argomenta che dovremmo distinguere gli adattamenti e le loro funzioni dagli effetti fortuiti. Egli usa il termine «effetto» nel suo senso comune: qualcosa di causato o di prodotto, un risultato o una conseguenza. Il concetto di «effetto» di Williams può essere applicato a un carattere, o al suo uso, o a un potenziale uso (o a un processo) che sorge come conseguenza di un vero adattamento. Gli effetti fortuiti connotano sempre una conseguenza che segue accidentalmente e che non deriva direttamente da una costruzione per selezione naturale. Altri hanno adottato vari aspetti di questa terminologia per intendere gli effetti nel senso di Williams (Paterson 1982; Vrba 1980). Tuttavia, Williams e altri solitamente ricorrono al termine «effetto» per designare il funzionamento di un carattere utile non costruito dalla selezione naturale per il suo ruolo attuale – e noi qui seguiremo questa restrizione (tab. 1, p. 16). Williams riconosce anche che il troppo cavillare sugli adattamenti è stato «incoraggiato da imperfezioni di terminologia» (1966, p. 8), una situazione che speriamo qui di migliorare leggermente.

Bock, dall'altra parte, difende il secondo significato, più ampio, nell'altra più citata analisi dell'adattamento degli anni sessanta (Bock e von Wahlert 1965; Bock 1967, 1979, 1980): «Un adattamento è, quindi, una caratteristica dell'organismo che interagisce operativamente con qualche fattore del suo ambiente affinché l'individuo possa sopravvivere e riprodursi» (1979, p. 39).

Il dilemma di includere o meno criteri differenti di genesi storica e di utilizzo attuale in un unico termine può essere illustrata con un esempio negletto tratto da una famosa fonte. Nel capitolo de *L'origine delle specie* dedicato alle «difficoltà della teoria», Darwin scrive (1859; trad. it. p. 255):

Le suture nel cranio dei giovani mammiferi sono state prospettate come un bell'adattamento per facilitare il parto, e senza dubbio esse l'agevolano, o possono essere indispensabili per quest'atto; ma poiché le suture si riscontrano anche nel cranio di giovani uccelli e rettili, che hanno soltanto da uscire da un uovo rotto, possiamo dedurre che questa struttura è sorta dalle leggi dello sviluppo ed è stata utilizzata per il parto negli animali superiori.

Darwin conferma l'utilità, anzi la necessità, della non fusione delle suture, ma esplicitamente dice di non volerle etichettare come adattamento, perché esse non sono state prodotte dalla selezione naturale per la funzione che svolgono oggi nei mammiferi. Williams segue Darwin e rinuncerebbe a chiamare questo carattere adattamento: egli designerebbe il suo ruolo nel facilitare la sopravvivenza ai mammiferi come un effetto fortuito.

Come esempio di confusione non riconosciuta, consideriamo questa definizione di adattamento presa da un dizionario biologico (Abercrombie e altri 1951, p. 10): «qualunque caratteristica di organismi viventi che, nell'ambiente dove essi vivono, aumenti le loro possibilità di sopravvivenza e, in ultima analisi, di lasciare discendenti, comparata alle possibilità che l'organismo avrebbe senza quel carattere; la selezione naturale tende dunque a fissare adattamenti in una popolazione». Questa definizione mescola l'uso attuale e la genesi storica. Che cosa si deve fare con le strutture utili che non sono state costruite dalla selezione naturale per il loro uso presente?

3. *Una definizione di* exaptation

Abbiamo allora identificato un'imprecisione che circonda uno dei concetti centrali della teoria dell'evoluzione. Questa confusione nasce, in parte, perché la tassonomia delle forme in relazione alla sopravvivenza manca di un termine. Seguendo Williams (vedi tab. 1, p. 16), potremmo definire come adattamento (*adaptation*) ogni caratteristica che promuova la sopravvivenza degli organismi e che sia stata costruita dalla selezione per il suo ruolo attuale (criterio della genesi storica). Il funzionamento di un adattamento è la sua funzione (Bock usa il termine funzione in un modo un po' diverso, ma noi crediamo di seguire qui il senso comune biologico). Potremmo anche seguire Williams chiamando il funzionamento di un carattere utile, non costruito dalla selezione per il suo uso attuale, effetto (definiamo effetto solo l'utilizzo di una tale struttura, non il carattere in sé, vedi p. 19). Ma come dovremmo chiamare il carattere utile in sé che non è stato selezionato per quel-l'uso? Se ci pensiamo bene, questo tipo di carattere non ha un nome riconosciuto (a meno di non accettare la definizione ampia di adattamento di Bock – cioè il criterio del solo uso attuale – e rifiutare sia quella di Darwin sia quella di Williams). Il suo posto nello schema logico è attualmente vuoto.

Noi suggeriamo che tali caratteri, evolutisi per altri usi (o per nessuna funzione del tutto) e in seguito «cooptati» per il loro ingaggio attuale, siano chiamati *ex-aptations* (sul concetto connesso di pre-adattamento vedi pp. 36-38). Essi sono utili per il loro ruolo attuale, quindi «atti» (*aptus*), ma non sono stati progettati dall'evoluzione per quello e quindi non sono «ad-atti» (*ad-aptus*). Essi devono il loro contributo alla sopravvivenza a caratteristiche presenti per altre ragioni e sono quindi utili (*aptus*) in virtù della (*ex*) loro forma, ovvero *ex-aptus*. Le suture nei mammiferi sono un *exaptation* per il parto. In termini di funzionamento, gli adattamenti hanno funzioni, mentre gli *exaptations* hanno effetti. Il fenomeno generale e statico dell'essere utile per la sopravvivenza (*fit*, *fitness*) dovrebbe essere chiamato *aptation*,[2] non adattamen-

[2] Anche in questo caso, come per *exaptation*, si preferisce qui lasciare il termine inglese anziché introdurre il neologismo «attamento». L'aggettivo corrispondente (*aptive*, *nonaptive*) verrà invece tradotto con «attativo», «non attativo». [*N.d.C.*]

Tabella 1
Una tassonomia della fitness.

Processo	Carattere		Utilizzo
La selezione naturale plasma il carattere per un'utilità attuale	adattamento	sottoinsieme degli *aptations*	funzione
Un carattere, precedentemente plasmato dalla selezione naturale per una particolare funzione (un adattamento), viene cooptato per un nuovo uso – cooptazione	*exaptation*	sottoinsieme degli *aptations*	effetto
Un carattere, la cui origine non può essere ascritta alla diretta azione della selezione naturale (un *non-aptation*), è cooptato per un uso attuale – cooptazione	*exaptation*	sottoinsieme degli *aptations*	effetto

to. In conclusione, l'insieme generale degli *aptations* esistenti in ogni momento è costituito da due sottoinsiemi parzialmente sovrapposti: il sottoinsieme degli *adaptations* e il sottoinsieme degli *exaptations* (ciò si applica anche all'insieme più inclusivo degli *aptations* esistiti nel tempo, vedi tab. 1, p. 16).

4. *Perché oggi abbiamo bisogno del concetto di* exaptation

Perché questa miscela confusa di origine storica e di utilizzo attuale ha attirato così poca attenzione fino a ora? Ogni biologo certamente riconosce che alcuni caratteri utili non sono emersi attraverso la selezione per il loro uso attuale: perché dunque non si è reso onore a questa conoscenza con un nome? Questa nostra mancanza sottovaluta semplicemente l'importanza del tema oppure il termine assente potrebbe riflettere, nel senso suggerito da Foucault, una struttura concettuale che lo ha implicitamente escluso? E, infine, il bisogno potenziale di un tale termine oggi indica forse che la struttura concettuale stessa possa essere cambiata?

Perché Williams non ha suggerito un termine, visto che chiaramente ha riconosciuto il problema e ha separato gli utilizzi di una struttura in «funzioni» ed «effetti» (che corrispondono rispettivamente agli adattamenti e alle caratteristiche senza nome per cui noi suggeriamo il termine *exaptation*)? Perché Bock ha evitato del tutto di specificare il problema? Noi sospettiamo che la cornice concettuale del pensiero evoluzionistico moderno, continuando a enfatizzare la suprema importanza e continuità degli adattamenti e della selezione naturale a tutti i livelli, abbia sottilmente relegato il tema dell'*exaptation* a una periferia di scarsa importanza. Come possono, diversamente, gli aspetti non adattativi della morfologia ottenere un'adeguata attenzione se seguiamo la definizione di Bock (1967, p. 63) per cui: «sul piano teorico tutti i caratteri esistenti negli animali sono adattativi. Se ve ne fossero di non adattativi, essi sarebbero stati eliminati dalla selezione e scomparirebbero». Williams riconobbe il fenomeno dell'*exaptation* e gli concesse persino una certa importanza (valutando le capacità della mente umana, per esempio), ma mantenne un ruolo predominante per l'adattamento e spesso designò gli effetti come fortuiti o periferici – «meramente una conseguenza incidentale», afferma in un passaggio (p. 8).

Noi riteniamo che il programma adattazionista del moderno pensiero evoluzionistico (Gould e

Lewontin 1979) si stia indebolendo sotto i colpi di sfide che provengono da tutti i livelli dell'indagine evoluzionistica, da quello molecolare a quello macroevolutivo. A livello biochimico abbiamo oggi teorie neutraliste e indicazioni secondo cui quantità sostanziali di DNA potrebbero non essere adattative a livello del fenotipo (Orgel e Crick 1980; Doolittle e Sapienza 1980). Gli studiosi di macroevoluzione hanno sostenuto che adattamenti nelle popolazioni di organismi si traducono in effetti che generano schemi di diversificazione differenziale fra le specie, dando a loro volta origine a tendenze evolutive (l'ipotesi dell'effetto proposta da Vrba 1980). Se il non adattamento (o quello che dovremmo chiamare *non-aptation*) sta per assumere un ruolo importante nel contesto di una teoria dell'evoluzione riveduta, allora la nostra terminologia della forma deve riconoscere il suo significato evolutivo cardine: cioè la cooptabilità per la fitness (vedi Seilacher 1972, sugli importanti effetti di uno schema non attativo nella struttura e nella colorazione dei molluschi).

Alcuni colleghi hanno detto che preferiscono la definizione ampia di Bock perché è operativamente più semplice. Possiamo compiere osservazioni e sperimentazioni per determinare quale vantaggio un carattere offra oggi a un organismo. Ricostruire il percorso storico delle sue origini, invece, è sempre un problema più difficile e spesso (quando mancano prove cruciali) ingestibile. A questa obiezione rispondiamo che non stiamo cercando di smantellare il concetto esteso di Bock: sosteniamo solamente che dovrebbe essere definito *aptation* (con *ad-aptation* ed *ex-aptation* come suoi modi interni). In quanto *aptation*, mantiene tutte le proprietà favorevoli per la sperimentazione sopra citate.

La genesi storica è, senza dubbio, un problema più difficile, ma non per questo possiamo ignorarlo. Come evoluzionisti siamo chiamati, quasi per definizione, a tenere in considerazione i processi storici come parte essenziale della nostra materia. Non possiamo restare indifferenti al fatto che risultati simili possono derivare da percorsi storici diversi. Inoltre, la distinzione tra *ad-aptation* ed *exaptation*, per quanto impegnativa, non è irrisolvibile. Se mai trovassimo un piccolo dinosauro corridore, antenato degli uccelli e coperto di piume, sapremmo che le prime piume erano *exaptations*, non adattamenti, per il volo.

5. *Esempi di* exaptation

L'evoluzione degli uccelli: piume ed exaptation *per il volo in più sequenze*. Consideriamo uno scenario comune nell'evoluzione degli uccelli (non affermiamo la sua correttezza, vogliamo soltanto esaminare la terminologia appropriata per un insieme condiviso di ipotesi). I caratteri scheletrici, incluso lo sterno, la cassa toracica e il cinto scapolare, nel fossile del tardo Giurassico *Archaeopteryx*, indicano che il primo uccello noto era probabilmente dotato soltanto dei più semplici rudimenti per il volo. Nonostante ciò, era quasi del tutto ricoperto di piume. Questo fatto ha suggerito a molti autori che la selezione per lo sviluppo iniziale delle piume in un antenato sia avvenuta per la funzione di isolamento termico e non per il volo (Ostrom 1974, 1979; Bakker 1975). Una così fondamentale innovazione di certo avrebbe molte piccole conseguenze incidentali, ma forse anche qualcuna di più ampia portata. Ad esempio, in nessuna linea di discendenza da questa prima specie piumata si è mai evoluta (per quanto ne sappiamo) una copertura del corpo fatta di peli. Ciò significa che la fissazione precoce nella vita dell'embrione di cambiamenti cellulari che portano da una parte ai peli, e dall'altra alle piume, ha vincolato il corso successivo dell'evoluzione nella copertura corporea (Oster 1980).

Archaeopteryx aveva già larghe penne di contorno disposte lungo gli arti, con un assetto molto simile a quello delle ali negli uccelli moderni. Ostrom (1979, p. 55) si domanda: «è possibile che l'allargamento iniziale (pre-*Archaeopteryx*) delle piume su quelle "mani" piccole possa aver aumentato l'area della superficie dell'arto così da renderlo più efficiente nel catturare insetti?». E conclude (1979, p. 56): «credo che le fattezze da predatore dello scheletro dell'ala di *Archaeopteryx* siano una forte evidenza di una funzione predatoria primaria della proto-ala in un proto-*Archaeopteryx* corridore». Selezioni successive per cambiamenti nelle caratteristiche scheletriche e nelle piume, e per specifiche sequenze neuromotorie, hanno portato all'evoluzione del volo.

L'airone nero africano (o garzetta nera, *Egretta ardesiaca*), come la maggior parte degli uccelli moderni, usa le proprie ali per volare. Ma le utilizza anche in un modo molto interessante per predare piccoli pesci: «la sua tecnica di pesca si realizza stando dritto in acque basse con le ali aperte all'infuori e in avanti, a formare un baldacchino a forma di ombrello che proietta un'ombra nell'acqua. In questo modo riesce a vedere il suo cibo» (McLachlan e Liversidge 1978, p. 39, tavola 6). Questo uso delle ali come mantello sembra essere un modello di comportamento caratteristico, con una base genetica. L'ala e le strutture delle penne stesse non sembrano essere state modificate se paragonate a quelle di specie strettamente imparentate, i cui individui non cacciano in questo modo (Kemp, comunicazione personale).

Vediamo, in questo scenario, un insieme sequenziale di adattamenti, ciascuno dei quali convertito in un *exaptation* di differente effetto che mette le basi per un successivo adattamento. Da questa interazione ha luogo un'importante trasformazione evolutiva che, probabilmente, non sarebbe avvenuta attraverso un semplice incremento dell'adattamento. Dunque, il progetto base delle piume è un adattamento per la termoregolazione e, in seguito, un *exaptation* per catturare insetti. Lo sviluppo di penne di contorno più grandi e la loro disposizione lungo l'arto anteriore nascono come adattamenti per catturare insetti e diventano poi *exaptations* per il volo. Il comportamento di caccia in cui le ali sono usate come mantello per fare ombra sfrutta strutture che sono nate come adattamento al volo. Le modificazioni neuromotorie che governano questo comportamento, e anche la postura a esso collegata, sono adattamenti per la pesca. L'ala in sé è invece un *exaptation* nel suo attuale effetto di fare ombra, così come la copertura di penne è nata in contesti adattativi diversi ma ha fornito una grande flessibilità evolutiva per altri usi durante l'evoluzione degli uccelli.

Le ossa come riserva e supporto. Lo sviluppo delle ossa è stato un evento di grande importanza nell'evoluzione dei vertebrati. Senza ossa i vertebrati non avrebbero potuto più tardi occupare la terraferma. Halstead (1969) ha approfondito la questione: appurata la sua importanza successiva per il supporto corporeo nelle fasi più recenti dell'evoluzione dei vertebrati, perché le ossa si sono evolute in uno stadio così precoce nella storia dei vertebrati? Alcuni autori hanno ipotizzato che l'osso inizialmente si sia sviluppato come risposta di regolazione dell'osmosi per la vita nelle acque dolci. Altri, come Romer (1963), prefigurano invece un iniziale adattamento come «armatura» ossea per una funzione protettiva. Pautard (1961, 1962) ha fatto notare che tutti gli organismi che fanno molta attività muscolare hanno bisogno di una scorta di fosfati convenientemente accessibile. Seguendo Pautard, e calcolando il ciclo stagionale della disponibilità di fosfati in mare, Halstead (1969) suggerì il seguente scenario: i fosfati di calcio, che si depositano nella pelle dei primi vertebrati, si sono evoluti inizialmente come un adattamento per immagazzinare i fosfati necessari per l'attività metabolica. Solo in un periodo considerevolmente posteriore nell'evoluzione le ossa hanno rimpiazzato l'endoscheletro cartilagineo e hanno assunto la funzione di supporto per la quale sono oggi per lo più note.

Dunque, l'osso ha due funzioni principali nei vertebrati esistenti: supporto/protezione e riserva/omeostasi (in quanto riserva di alcuni ioni minerali, inclusi gli ioni fosfato). Gli ioni nell'osso dei vertebrati sono in equilibrio con quelli dei fluidi tissutali e del sangue e agiscono in alcune attività metaboliche (Scott e Symons 1977). Ad esempio, negli esseri umani il novanta per cento del fosforo corporeo è presente in forma inorganica nelle ossa (Duthie e Ferguson 1973).

Seguendo l'analisi di Halstead, la deposizione di fosfato nei tessuti corporei si è evoluta inizialmente come adattamento per una funzione di stoccaggio e metabolica. Il meccanismo metabolico per produrre osso in sé può quindi essere interpretato come un *exaptation* per la funzione di supporto. I meccanismi metabolici per il depositarsi di una quantità maggiore di fosfati e per la mineralizzazione, così come la disposizione degli elementi ossei in uno scheletro interno, sono invece adattamenti per la funzione di supporto.

L'evoluzione dell'allattamento nei mammiferi. Dickerson e Geis (1969) raccontano come Alexander Fleming nel 1922 scoprì l'enzima lisozima. Aveva il raffreddore e, per il gusto di sperimentare, aggiunse alcune gocce di muco nasale a una coltura batterica. Con sua sorpresa scoprì, dopo pochi giorni, che qualcosa nel muco stava uccidendo i batteri: l'enzima lisozima, da allora trovato nella maggior parte delle secrezioni corporee e in grandi quantità nei bianchi d'uovo. Il lisozima distrugge molti batteri per lisi o dissolvendo la struttura mocupolisaccaride della parete cellulare. La sequenza amminoacidica della α-lattalbumina, una proteina del latte dalla funzione precedentemente sconosciuta, fu poi identificata come simile a quella del lisozima, e quindi doveva essere in gioco una qualche stretta omologia.

Dickerson e Geis scrivono (1969, pp. 77-78):

> La α-lattalbumina da sola non è un enzima, ma è stata ritrovata come componente di un sistema diproteico della sintetasi del lattosio presente solo nelle ghiandole mammarie durante l'allattamento [...] L'altro componente (la proteina «A») è stata scoperta nel fegato e in altri organi come enzima per la sintesi del N-acetilactosamina dal galattosio e dal NAG (N-Acetilglucosamina). Ma la combinazione della proteina A e della α-lattalbumina sintetizza invece lo zucchero del latte, il lattosio, dal galattosio e dal glucosio.
>
> La α-lattalbumina è non catalitica e agisce, evidentemente, come mezzo di controllo per attivare il partner da una potenziale sintesi a un'altra [...] Pare che quan-

do un sistema produttore di latte si è sviluppato durante l'evoluzione dei mammiferi, e quando è emerso il bisogno di un enzima che sintetizzasse un polisaccaride, se ne è trovato uno idoneo modificando in parte un enzima preesistente che taglia i polisaccaridi.

Quindi, il lisozima in tutti i vertebrati dove si ritrova è probabilmente un adattamento per la funzione di uccidere batteri. Un'ulteriore evoluzione nei mammiferi (un'alterazione di un gene duplicato, secondo Dickerson e Geis 1969) ha portato alla α-lattalbumina, un adattamento (insieme alla proteina A) per la sintesi del lattosio e per l'allattamento. Il lisozima umano, in questo scenario, è un adattamento per la lisi della parete cellulare dei batteri, e un *exaptation* rispetto al sistema di sintesi del lattosio.

Il «mimetismo» sessuale nelle iene. Le femmine di iena maculata (*Crocuta crocuta*) sono più grandi dei maschi e sono dominanti rispetto a questi. Plinio e altri scrittori dell'antichità avevano già notato un'insolita caratteristica correlata a questa nella loro biologia, definendole ermafrodite (erroneamente, come mostrò Aristotele). I genitali esterni delle femmine sono praticamente indistinguibili a vista dagli organi maschili. Il clitoride è allargato ed esteso a formare una struttura cilindrica con una sottile fenditura nella parte distale; questa non è più piccola di un pene maschile e può anche subire delle erezioni. Le grandi labbra sono ripiegate e fuse nella parte mediale a formare un falso sacco scrotale (anche se ovviamente privo di testicoli), praticamente identico per forma e posizione allo scroto maschile (Harrison 1939).

La letteratura su questo «mimetismo» sessuale è piena di speculazioni sul significato adattativo. La maggior parte di queste argomentazioni ha associato l'utilità attuale e la genesi storica, dando per scontato che la dimostrazione dell'uso moderno (l'adattamento nel senso di Bock) specifica il percorso di origine (l'adattamento per come è usato, correttamente, da Williams e da Darwin). Noi riteniamo che l'assenza di un concetto articolato di *exaptation* abbia inconsciamente condizionato autori precedenti nel ripetere questa errata connessione logica.

Kruuk (1972), il maggiore studioso di iene maculate, ad esempio, nota che gli organi sessuali allargati delle femmine sono utilizzati in un importante comportamento noto come la cerimonia dell'incontro. Le iene passano lunghi periodi come nomadi solitari in cerca di carogne, ma vivono anche in clan ben integrati che difendono il territorio e cacciano in gruppo. Deve quindi essersi sviluppato un meccanismo per il reintegro dei nomadi solitari nel loro clan appropriato. Nella cerimonia dell'incontro due iene si affiancano, una di fronte all'altra in direzioni opposte. Ciascuna solleva la zampa interna mostrando il pene o il clitoride eretto ai denti del suo partner. Si annusano e leccano l'un l'altro i genitali per dieci o quindici secondi, ampiamente alla base del pene o del clitoride e davanti allo scroto o al falso scroto.

Avendo scoperto un'utilità attuale per i prominenti genitali esterni femminili, Kruuk (1972, pp. 229-30) deduce che devono essersi evoluti per quello scopo:

> È impossibile pensare ad alcun altro scopo per questa speciale caratteristica femminile se non all'uso per la cerimonia dell'incontro [...] Potrebbe quindi anche essere che un individuo con una struttura familiare ma relativamente complessa e cospicua annusata durante l'incontro abbia un vantaggio sugli altri individui; la struttura potrebbe spesso facilitare il ristabilirsi dei legami sociali tenendo i partner insieme per un periodo di incontro più lungo. Questo potrebbe essere il vantaggio selettivo che ha causato l'evoluzione della struttura genitale delle femmine e dei cuccioli.

Tuttavia, un'altra ipotesi, basata su fatti noti a qualunque studente del primo anno di biologia, reclama effettivamente il suo riconoscimento. Il pene e il clitoride sono organi omologhi, così come lo scroto e le grandi labbra. Sappiamo che alti livelli di ormoni androgeni inducono l'allargamento del clitoride e il ripiegamento e la fusione delle grandi labbra fino a farli assomigliare rispettivamente a un pene e a un sacco scrotale. In effetti, in un senso importante, essi sono dunque un pene e un sacco scrotale, date le omologie. Le neonate umane con ghiandole surrenali insolitamente allargate secernono alti livelli di androgeni e nascono con un clitoride peniforme e un sacco scrotale vuoto formato dalla fusione delle labbra.

Le femmine di iena sono più grosse dei maschi e dominanti. Dato che nei mammiferi queste caratteristiche sono spesso mediate da ormoni, dovremmo forse supporre che le femmine raggiungono il loro stato secernendo androgeni e che il clitoride peniforme e il falso sacco scrotale sono un sottoprodotto secondario automatico. Visto che si formano comunque, potrebbe conseguirne una successiva e secondaria utilità: potrebbero essere stati cooptati per aumentare il successo nelle cerimonie di incontro e quindi essere secondariamente modificati per questo nuovo ruolo. Suggeriamo che il clitoride peniforme e il falso sacco scrotale siano sorti come conseguenze non attative di alti livelli di androgeni (un adattamento primario legato all'insolito ruolo comportamentale delle femmine). Essi sono, dunque, *exaptations* per le cerimonie d'incontro e i loro effetti nell'aumento della fitness attraverso la cerimonia non hanno avuto alcun ruolo nel definire il percorso storico della loro origine.

Tuttavia questa ipotesi ovvia, con la sua premessa centrale facilmente verificabile, non fu esplicitamente esaminata fino al 1979 dopo, letteralmente, più di duemila anni di speculazioni in modalità adattativa (sia gli autori antichi sia i bestiari medievali cercavano di dedurre un intento divino nella creazione di bestie così bizzarre). Racey e Skinner (1979) non trovarono differenze nei livelli di androgeni nel sangue dei maschi e delle femmine di iena maculata. I feti femminili contenevano lo stesso livello alto di testosterone delle femmine adulte. Nelle altre due specie della famiglia *Hyaenidae*, comunque, i livelli di androgeni nel sangue sono molto più bassi per le femmine rispetto ai maschi. Le femmine di queste specie non sono dominanti sui maschi e non sviluppano clitoridi peniformi o falsi sacchi scrotali.

Non vogliamo sostenere che la nostra ipotesi alternativa in termini di *exaptation* debba essere corretta. Potremmo anche far scorrere lo scenario storico in senso inverso (con una piccola forzatura nel nostro giudizio): le femmine «hanno bisogno» di genitali prominenti per la cerimonia dell'incontro; se li costruiscono attraverso la selezione di alti livelli di androgeni; una maggiore stazza e la dominanza sarebbero allora sottoprodotti secondari degli androgeni. Il punto non sta qui, poiché noi solleviamo una questione abbastanza differente: perché questa evidente alternativa non è stata considerata, specialmente da Kruuk nel suo eccellente ed esaustivo libro sulla specie? La nostra idea è che l'assenza di un concetto di *exaptation* esplicitamente articolato abbia limitato la gamma delle nostre ipotesi in modi sottili e incontrollati.

Gli usi del DNA ripetitivo. Per alcuni anni dopo che Watson e Crick ebbero chiarito la struttura del DNA, molti evoluzionisti sperarono che l'architettura del materiale genetico potesse ben corrispondere a tutti i loro presupposti sui processi evolutivi. Si pensò che l'ordine lineare dei nucleotidi potesse corrispondere a quello delle perline in una collana come nella genetica classica: un gene, un enzima; una sostituzione nucleotidica, una minima alterazione pronta per essere scrutinata dalla selezione naturale. Ora, quando non sono passati nemmeno vent'anni, ci troviamo dinanzi a geni in pezzi, a complesse gerarchie di regolazione e, soprattutto, a una grande quantità di DNA ripetitivo. Il DNA altamente ripetitivo, o satellite, può esistere in milioni di copie; il DNA mediamente ripetitivo, con le sue decine di migliaia di copie, forma circa un quarto del genoma sia in *Drosophila* che in *Homo*. A che cosa serve tutto questo DNA ripetitivo (se mai serve a qualcosa)? Come ci è arrivato fin lì?

Un'indagine sulla letteratura precedente (Doolittle e Sapienza 1980; Gould 1981) rivela l'esistenza di due tradizioni argomentative prevalenti, entrambe basate sull'assunzione selezionista secondo cui il DNA ripetitivo deve pur servire a qualcosa se ne esiste così tanto. Una tradizione (vedi Britten e Davidson 1971) sostiene che le copie ripetute sono adattamenti convenzionali, selezionati per un ruolo immediato nella regolazione (unendo parti del genoma precedentemente isolate in nuove e favorevoli combinazioni, per esempio, quando copie ripetute si disperdono su diversi cromosomi). Noi non dubitiamo che l'adattamento convenzionale spieghi il preservarsi di tanto DNA ripetuto in questo modo.

Molti evoluzionisti molecolari, tuttavia, ora sospettano fortemente che l'adattamento diretto non possa spiegare l'esistenza di tutto il DNA ripetitivo: semplicemente ce n'è troppo. La seconda tradizione, allora, sostiene che il DNA ripetitivo deve esistere perché l'evoluzione ne ha disperatamente bisogno per un futuro flessibile: l'argomento preferito è che le copie «disoccupate» e ridondanti sono libere di cambiare poiché il loro prodotto necessario viene ancora generato dalla copia originale (vedi Cohen 1976; Lewin 1975; e Kleckner 1977, ciascuno dei quali segue anche la prima tradizione e dibatte entrambi i lati della questione). Mentre non dubitiamo che tali usi futuri siano conseguenze di vitale importanza del DNA ripetuto, essi semplicemente non possono essere la causa della sua esistenza, a meno che non torniamo a certe visioni teistiche che permettono il controllo di eventi presenti per bisogni futuri.

Questa seconda tradizione esprime un'intuizione corretta in un modo palesemente priva di senso (nel suo significato non peggiorativo). Il pensiero che manca qui, e che fornisce il senso, è un ben articolato concetto di *exaptation*. I difensori della seconda tradizione capiscono quanto sia importante il DNA ripetitivo per l'evoluzione, ma conoscono solo il linguaggio convenzionale dell'adattamento per esprimere questa convinzione. Ma siccome l'utilità è una condizione futura (quando la copia ridondante assume una diversa funzione o subisce un adattamento secondario per un nuovo ruolo), si sviluppa un'impasse espressiva. Per rompere questa impasse, suggeriamo che le copie ripetute siano considerate caratteri non attativi, disponibili per essere poi cooptati, ma non possiedano alcuna funzione diretta al momento. Una volta cooptate saranno *exaptations* nel loro nuovo ruolo (con modificazioni adattative secondarie se alterate).

Qual è dunque la fonte di questi *exaptations*? Secondo la prima tradizione essi sorgono come veri adattamenti e poi assumono la loro differente funzione. La seconda tradizione, abbiamo mostrato, deve essere abbandonata. Una terza possibilità è stata proposta di recente (o, piuttosto, meglio codificata in seguito a precedenti indizi): forse le copie ripetute possono originarsi senza che vi sia alcuna ragione adattativa che riguardi il livello darwiniano tradizionale di vantaggio fenotipico (Orgel e Crick 1980; Doolittle e Sapienza 1980). Alcuni elementi del DNA sono trasponibili;[3] se questi possono duplicarsi e spostarsi, che cosa mai fermerà il loro accumularsi finché restano invisibili al fenotipo? Se poi diventano così numerosi da cominciare a esercitare un vincolo energetico sul feno-

[3] La transposizione è un processo di ricombinazione del DNA. Riguarda solitamente un breve segmento di DNA con capacità di spostarsi da una posizione a un'altra sul cromosoma. [*N.d.T.*]

tipo, la selezione naturale li eliminerà. Questo «DNA egoista» potrebbe condurre il proprio gioco darwiniano a livello genico, ma rappresenterebbe un autentico *non-aptation* a livello del fenotipo.

Quindi, il DNA ripetuto può spesso generarsi come *non-aptation*. Una simile affermazione non sminuisce in alcun modo la sua vitale importanza per futuri evolutivi. Una volta usate con grande vantaggio in quel futuro, queste copie ripetute diventano *exaptations*.

6. *Il significato dell'*exaptation

Una soluzione al problema del pre-adattamento. Il concetto di pre-adattamento ha sempre rappresentato un problema per gli evoluzionisti. Ammettiamo la sua necessità come unica soluzione darwiniana alla vecchia sfida di Mivart (1871) secondo cui «gli stadi incipienti di strutture utili» non potrebbero funzionare come le forme complete (a che cosa serve il cinque per cento di un'ala?). A nostro avviso, gli stadi incipienti devono aver avuto un'altra funzione (la termoregolazione per le piume, ad esempio). Nonostante ciò, tradizionalmente ci scusiamo per la parola «pre-adattamento» nei nostri manuali e faticosamente facciamo notare ai nostri studenti che non intendiamo implicare una predeterminazione e che la parola è in qualche modo sbagliata (sebbene il concetto sia affidabile). Frazzetta (1975, p. 212), ad esempio, scrive: «esiste ancora un'associazione tra la parola "pre-adattamento" e un'equivoca teleologia e riesco spesso a provocare la nausea ad alcuni biologi evoluzionisti quando uso questa parola senza immediatamente specificare cosa intendo con essa».

La parola in effetti è sbagliata e il nostro perdurante e intuitivo disagio è giustificato (Lambert, inedito). Se infatti dividiamo la classe di tutte le caratteristiche che contribuiscono alla fitness in adattamenti ed *exaptations*, e se gli adattamenti sono costruiti (e gli *exaptations* cooptati) per il loro uso attuale, allora le caratteristiche che funzionano in un modo non possono essere pre-*ad*-attamenti per un utilizzo successivo differente: il termine non ha alcun senso.

Il riconoscimento dell'*exaptation* risolve nitidamente il problema, poiché quello che ora noi scorrettamente chiamiamo «pre-adattamento» è solo una categoria di *exaptation* che consideriamo *ante facto*. Se le piume si sono evolute per la termoregolazione, esse diventano *exaptations* per il volo una volta che gli uccelli prendono a volare. Se, comunque, con il senno di poi della storia, scegliamo di vedere le piume quando ancora rivestono i dinosauri corridori antenati degli uccelli, allora esse sono soltanto potenziali *exaptations* per il volo, o *pre-aptations* (cioè atti, consoni, prima della loro effettiva cooptazione). Il termine «pre-adattamento» dovrebbe essere abbandonato in favore di «pre-aptation». I *pre-aptations* sono *exaptations* potenziali ma non realizzati. Essi risolvono l'importante sfida di Mivart a Darwin.

Exaptations *primari e adattamenti secondari.* Le piume, nel loro progetto di base, sono *exaptations* per il volo, ma una volta che questo nuovo effetto si è aggiunto alla funzione di termoregolazione come importante fattore di fitness, le piume sono sottoposte a una serie di adattamenti secondari (alcune volte chiamati post-adattamenti) per aumentare la loro utilità nel volo. L'ordine e la disposizione delle ossa dell'arto dei tetrapodi sono *exaptations* per camminare sulla terraferma; molte modificazioni di forma e di muscolatura sono adattamenti secondari per la vita terrestre.

La storia evolutiva di ogni caratteristica complessa comprenderà probabilmente una miscela sequenziale di adattamenti, *exaptations* primari e adattamenti secondari. Siccome ogni carattere è plesiomorfo a un livello tassonomico e apomorfo a un altro[4] (ad esempio, la torsione nella classe dei gasteropodi e nel phylum dei molluschi), non disturba il fatto che caratteri complessi siano un mix di *exaptations* e di adattamenti. Ogni struttura cooptata (un *exaptation*) probabilmente non comparirà già perfezionata per il suo nuovo effetto. Essa allora svilupperà adattamenti secondari per il nuovo ruolo. L'*exaptation* primario e l'adattamento secondario possono, in linea di principio, essere distinti.

Le sorgenti di exaptation. I caratteri cooptati come *exaptations* hanno due possibili stadi pregressi. In precedenza potevano essere adattamenti per un'altra funzione, oppure strutture non-attative. I primi sono da molto tempo stati riconosciuti come importanti, mentre le seconde sottostimate. Tuttavia, l'enorme pool di *non-aptations* deve essere la sorgente e la riserva della maggior parte della flessibilità evolutiva. Dobbiamo riconoscere il ruolo centrale della «cooptabilità per la fitness» come significato evolutivo primario dei *non-aptations* che vediamo ovunque negli organismi. In questo sen-

[4] Un carattere è detto «plesiomorfo» quando è di tipo ancestrale, mentre è «apomorfo» quando è modificato rispetto alla sua condizione precedente. [*N.d.T.*]

so, al suo livello del fenotipo, questo pool di *non-aptations* è un analogo della mutazione: una fonte di materia prima per ulteriore selezione.

Sia gli adattamenti sia i *non-aptations*, mentre potrebbero avere cause prossime non casuali, possono essere considerati come prodotti casuali rispetto ad ogni potenziale cooptazione da parte di ulteriori sistemi di pressioni selettive. Per dirla in modo più semplice: tutti gli *exaptations* si originano casualmente rispetto ai loro effetti. Insieme, queste due classi di caratteri, gli adattamenti e i *non-aptations*, forniscono un enorme serbatoio di variabilità, a un livello più alto delle mutazioni, per la cooptazione sotto forma di *exaptations*. (Lambert ne ha discusso soltanto in relazione ai pre-adattamenti – *pre-aptations* nella nostra terminologia. Egli ha esplorato le implicazioni evolutive della nozione secondo la quale per ogni funzione, direttamente risultante dalla selezione naturale in ogni momento, ci possono essere effetti multipli).

Se tutti gli *exaptations* cominciassero come adattamenti per un'altra funzione nei predecessori, non avremmo scritto questo saggio. In quel caso il concetto sarebbe stato interamente coperto dal principio del «pre-adattamento» darwiniano e avremmo avuto soltanto bisogno di puntualizzare che «pre-aptation» è un termine migliore e che l'etimologia richiede un nome diverso per i *pre-aptations* dopo che si sono instaurati. Il concetto che manca è quello degli *exaptations* che ebbero inizio come *non-aptations*. Non sono coperti dal principio di *pre-aptation* poiché non rappresentavano degli adattamenti nei predecessori. Non hanno davvero un nome e i concetti senza nome non possono essere adeguatamente incorporati nel pensiero. Le grandi confusioni fra genesi storica e utilità attuale coinvolgono primariamente caratteri utili che non erano adattamenti negli antenati – come nei nostri esempi del «mimetismo» sessuale nelle iene e degli usi del DNA mediamente ripetitivo.

L'ironia delle nostra terminologia per il *non-aptation*. Sembra strano definire una cosa importante dicendo che cosa non è. Gli studenti ai primi anni di geologia sono giustamente offesi dal fatto che ci riferiamo ai cinque sesti della storia della Terra come al «pre-Cambriano». Caratteri che ora non contribuiscono alla fitness sono solitamente chiamati non-adattamenti (nella nostra terminologia sono i non-aptations). Questa curiosa definizione in negativo riesce soltanto a registrare una sensazione secondo cui il soggetto in questione è «meno» della cosa che esso non è. Noi riteniamo che questa sensazione sia sbagliata e che le dimensioni del serbatoio dei *non-aptations* siano un fenomeno centrale nell'evoluzione. Il termine «non adattativo» è nient'altro che un'ulteriore indicazione di come vi siano in azione precedenti, e a nostro modo di vedere false, convinzioni circa la supremazia dell'adattamento. Il peso della nomenclatura è già abbastanza grande in questo saggio e non vogliamo proporre un nuovo termine per caratteri senza una fitness attuale. Ma vorremmo sottolinearne l'ironia.

Processo e stato di fatto. I biologi evoluzionisti usano il termine adattamento per descrivere sia uno stato di fatto attuale (come discusso in questo saggio) sia il processo che conduce a esso. Questa dualità non presenta alcun problema nei casi di vero adattamento, dove un processo di selezione produce direttamente lo stato della fitness. Gli *exaptations*, dall'altra parte, non sono strutturati per il loro uso attuale e non riflettono un processo apposito oltre alla cooptazione (tab. 1, p. 16); sono stati costruiti nel passato o come sottoprodotto non-attativo o come adattamenti per ruoli diversi.

Forse dovremmo iniziare la nostra analisi del processo con un approccio descrittivo e focalizzarci semplicemente sull'insieme di caratteri che aumentano la loro abbondanza relativa o assoluta all'interno delle popolazioni, delle specie o dei cladi[5] attraverso gli unici processi generali che possono condurre a una prolificazione o al produrre più forme: la ramificazione differenziale o la persistenza (vedi Arnold e Fristrup 1981). Questo processo descrittivo di diversificazione ha due cause di base. In primo luogo, i caratteri possono aumentare la loro rappresentazione attivamente contribuendo alla ramificazione o alla persistenza, o come adattamenti evoluti per selezione per la loro attuale funzione o come *exaptations* evolutisi secondo un'altra strada e poi cooptati per il loro effetto utile. In secondo luogo, e in particolare al livello più alto delle specie all'interno dei cladi, i caratteri possono aumentare la loro rappresentazione per un mucchio di ragioni non-attative, comprese la correlazione causale con caratteri che contribuiscono alla fitness e la correlazione fortuita che si ritrova con frequenze così sorprendentemente alte nelle simulazioni di Raup e Gould (1974). Questi caratteri non-attativi costituiscono un serbatoio enorme per *exaptations* potenziali.

[5] Un clade è un gruppo tassonomico originatosi da un singolo antenato comune e comprende tutti i discendenti di quell'antenato. [*N.d.T.*]

7. *Conclusioni*

Per decidere una volta per tutte se abbiamo scritto un banale saggio sulla terminologia oppure fatto una dichiarazione potenzialmente interessante sull'evoluzione dobbiamo concentrarci sull'importanza dell'*exaptation*, sia per frequenza che per ruolo. Crediamo che il fallimento degli evoluzionisti nel codificare tale concetto attesti una certa credenza indistinta circa la sua relativa insignificanza.

Sospettiamo, ciononostante, che i temi del *nonaptation* e della cooptabilità siano di suprema importanza nell'evoluzione. Quando la cooptabilità è stata riconosciuta – nel principio del «pre-adattamento» – ci siamo focalizzati sul cambiamento di ruolo per caratteri precedentemente adatti per qualcos'altro, non sul potenziale di *exaptation* presente in strutture non-attative. La flessibilità dell'evoluzione risiede nella gamma di materia prima sottoposta ai processi di selezione. Tutti riconosciamo questo quando discutiamo delle fonti convenzionali di variazione genetica – mutazione, ricombinazione e così via – sottoposte alla selezione naturale dal livello genetico in giù. Ma non abbiamo adeguatamente apprezzato il fatto che le caratteristiche stesse del fenotipo (con le loro basi genetiche, di solito, complesse) possono anche agire come fonte di variazione per aumentare e restringere il futuro cambiamento evolutivo. L'importante affermazione del teorema fondamentale di Fisher considera solo la variabilità genetica in relazione alla fitness: «il tasso di aumento della fitness di ogni organismo in ciascun momento è uguale alla sua variabilità genetica in fitness in quel momento» (Fisher 1930). Ma in modo analogo dovremmo considerare anche la flessibilità dei caratteri fenotipici come un eccitatore primario o come un depressore del futuro cambiamento evolutivo. La flessibilità risiede nel serbatoio di caratteri disponibili per la cooptazione: sia come adattamenti a qualcos'altro che ha cessato di essere importante in nuovi regimi selettivi; sia come adattamenti la cui funzione originale persiste, ma che potrebbero essere cooptati per un ruolo aggiuntivo; sia come *non-aptations* sempre potenzialmente disponibili. I sentieri dell'evoluzione – sia i vincoli sia le opportunità – devono essere ampiamente calibrati sulla dimensione e sulla natura di questo serbatoio di potenziali *exaptations*. Le possibilità exattative definiscono il contributo «interno» che gli organismi offrono al loro stesso futuro evolutivo.

Alfred Russel Wallace, un adattazionista di stretta osservanza, se mai ve ne è stato uno, negò nondimeno che la selezione naturale avesse costruito il cervello umano. I «selvaggi» (i primitivi viventi), sosteneva, hanno un equipaggiamento mentale equivalente al nostro, ma mantengono soltanto una rudimentale e primitiva cultura: in altri termini, essi non utilizzano la maggior parte delle loro capacità mentali e la selezione naturale può solo costruire per un uso immediato. Darwin, che non era un adattazionista di stretta osservanza, era perplesso e turbato. Riconobbe la fallacia nascosta nell'argomentazione di Wallace: il cervello, sebbene senza dubbio costruito dalla selezione per un complesso insieme di funzioni, in virtù della sua intricata struttura può lavorare in un illimitato numero di modi abbastanza svincolati dalla pressione selettiva originaria che l'ha costruito. Molti di questi modi possono diventare importanti, se non indispensabili, per la futura sopravvivenza in contesti sociali successivi (come il tè pomeridiano per i contemporanei di Wallace). Ma l'utilità attuale non porta con sé automaticamente implicazioni sull'origine storica. La maggior parte di quello che il cervello fa adesso per migliorare la nostra sopravvivenza risiede nel dominio dell'*exaptation* e non ci permette di fare ipotesi sui percorsi selettivi della storia umana. Quanta parte della letteratura evoluzionistica sul comportamento umano crollerebbe se incorporassimo il principio dell'*exaptation* nel cuore del nostro pensiero evoluzionistico? Questo collasso sarebbe istruttivo perché amplierebbe di molto la nostra gamma di ipotesi e focalizzerebbe l'attenzione sulla funzione attuale e sullo sviluppo (tutte proposizioni controllabili) invece di condurci a inverificabili fantasticherie sul fratricidio primitivo nella savana africana o sui mammut spinti sull'orlo di grandi lastre di ghiaccio – un valido soggetto, ma meglio se trattato in romanzi che possono anche essere scientificamente illuminanti (Kurtén 1980).

Consideriamo ancora il ruolo apparentemente cruciale che il DNA ripetuto ha giocato nell'evoluzione della complessità fenotipica negli organismi. Come si chiede Ohno nel suo originale libro (1970), se ciascun gene codifica per un enzima indispensabile (o svolge una qualche funzione necessaria), come può l'evoluzione trascendere il semplice bricolage su linee stabilite e raggiungere la flessibilità necessaria per costruire nuovi tipi di organizzazione? Ohno sostiene che questa flessibilità deve sorgere come risultato accidentale della duplicazione genica, con la sua produzione di materiale genetico ridondante: «se l'evoluzione fosse stata interamente dipendente dalla selezione naturale, da un batterio sarebbero emerse soltanto numerose forme di batteri... Solo il cistrone[6] che divenne ridondante fu in grado di sfuggire all'inesorabile pressione della selezione naturale e così sfuggendole accumulò mutazioni a cui precedentemente era impedito di emergere» (Ohno 1970, prefazione).

Nel paragrafo 5 (pp. 32-36), abbiamo sostenuto che molto di questo DNA ripetitivo può sorgere per ragioni non-attative a livello del fenotipo individuale (come nell'ipotesi del «DNA egoista»). Le copie ripetute sono quindi *exaptations*, cooptate per fitness e secondariamente adattate per nuovi ruoli. Sono inoltre *exaptations* nella interessante categoria delle strutture che sorsero come *non-aptations*, quando si applica l'ipotesi del «DNA egoista».

Quindi, i due fenomeni evolutivi che potrebbero essere stati i più decisivi per lo sviluppo di una forma di complessità dotata di coscienza sul nostro pianeta (i lettori perdoneranno una punta di antropocentrismo per un momento) – cioè il processo iniziale di creare ridondanza genetica e la successiva miriade di conseguenze ineludibili del costruire uno strumento di calcolo tanto complesso quan-

[6] Sequenza di basi nucleotidiche compresa tra una tripletta di inizio e una di fine. [*N.d.T.*]

to il cervello umano – potrebbero essere entrambi esempi di *exaptations* cominciati come *non-aptations*, cioè del concetto che finora mancava nella nostra terminologia evoluzionistica. Con esempi come questi, l'argomento non può certo essere considerato poco rilevante!

In breve, la codifica dell'*exaptation* non solo identifica un difetto comune in molti ragionamenti evoluzionistici – l'inferenza automatica della genesi storica dall'utilità attuale – ma focalizza anche l'attenzione sul ruolo negato, ma fondamentale, dei caratteri non-attativi sia nel vincolare sia nel facilitare il percorso dell'evoluzione. Questa argomentazione non è affatto anti-selezionista e vogliamo intendere questo saggio come un contributo al darwinismo, non come una schermaglia in una faida distruttiva. Il tema principale, dopo tutto, è la cooptabilità per la sopravvivenza e per la riproduzione. Gli *exaptations* sono componenti vitali del successo di ogni organismo.

Ringraziamenti

Hanno commentato il manoscritto: C. K. Brain, C. A. Green, A.C. Kemp, H.E.H. Paterson. Uno di noi (E. S. V.) ha contratto un debito con Hugh Paterson per un'introduzione, durante intense discussioni, alla terminologia degli effetti (nel senso di Williams). Entrambi lo ringraziamo per averci raccontato dell'esempio delle ali a mantello dell'Airone nero e dell'evoluzione del lisozima/alfa-lactalbumina. D. M. Lambert ci ha permesso l'accesso a un manoscritto inedito e ha discusso con noi l'onnipresenza nell'evoluzione, e l'enorme importanza, di quello che lui e altri chiamano pre-adattamento.

Bibliografia

Abercrombie, M., C. H. Hickman e M. L. Johnson 1951. *Dictionary of biology*, 5ª ed., Penguin, London 1966.

Arnold, A. J. e K. Fristrup 1982. *The theory of evolution by natural selection: A hierarchical expansion*, in «Paleobiology», vol. 8, pp. 113-29.

Bakker, R. T. 1975. *Dinosaur renaissance*, in «Scientific American», vol. 232, pp. 58-78.

Bock, W. J. 1967. *The use of adaptive characters in avian classification*, in «Proceeding of the XIV International Ornithological Congress», pp. 61-74.

– 1979. *The synthetic explanation of macroevolutionary change – a reductionistic approach*, in «Bulletin Carnegie Museum», vol. 13, pp. 20-69.

– 1980. *The definition and recognition of biological adaptation*, in «American Zoologist», vol. 20, pp. 217-27.

Bock, W. J. e G. von Wahlert 1965. *Adaptation and the form-function complex*, in «Evolution», vol. 19, pp. 269-99.

Britten R. J. e E. H. Davidson 1971. *Repetitive and non-repetitive DNA sequences and a speculation on the origins of evolutionary novelty*, in «The Quarterly Review of Biology», vol. 46, pp. 111-38.
Cohen, S. N. 1976. *Transposable genetic elements and plasmid evolution*, in «Nature», vol. 263, pp. 731-38.
Darwin, C. 1859. *L'origine delle specie*, 6ª ed. del 1872, Boringhieri, Torino 1967.
Dickerson, R. E. e I. Geis 1969. *The structure and action of proteins*, Harper and Row Publishers, New York.
Doolittle W. F. e C. Sapienza 1980. *Selfish genes, the phenotype paradigm and genome evolution*, in «Nature», vol. 284, pp. 601-03.
Duthie, R. B. e A. B. Ferguson 1973. *Mercer's orthopaedic surgery*, Edward Arnold, London.
Fisher, R. A. 1930. *The genetical theory of natural selection*, 2ª ed., Dover, New York 1958.
Foucault, M. 1961. *Storia della follia nell'eta classica*, Rizzoli, Milano 1963.
– 1971. *L'ordine del discorso*, Einaudi, Torino 1972.
Frazzetta, T. H. 1975. *Complex adaptations in evolving populations*, Sinauer Associates, Sunderland.
Gould S. J. 1981. *Quando i cavalli avevano le dita. Misteri e stranezze della natura*, Feltrinelli, Milano 1984.
Gould S. J. e R. C. Lewontin 1979. *I pennacchi di San Marco e il paradigma di Pangloss: critica al programma adattazionista*, in «Micromega», vol. 1, 2006, pp. 77-100.
Halstead, L. B. 1969. *The pattern of vertebrate evolution*, Oliver and Boyd, Edinburgh.

Harrison M. L. 1939. *Reproduction in the spotted hyena* Crocuta crocuta *(Erxleben)*, in «Philosophical Transactions of the Royal Society of London», vol. 230, pp. 1-78.

Kleckner, N. 1977. *Translocatable elements in procaryotes*, in «Cell», vol. 11, pp. 11-23.

Kruuk, H. 1972. *The spotted hyena, a study of predation and social behaviour*, University of Chicago Press. Chicago.

Kurtén, B. 1980. *La danza della tigre*, Muzzio Editore, Roma 2002.

Lewin, B. 1975. *Units of transcription and translation*, in «Cell», vol. 4, pp. 77-93.

McLachlan, G. R. e R. Liversidge 1978. *Roberts' birds of South Africa*, The John Voelcker Bird Book Fund, Cape Town.

Mivart, St. G. 1871. *On the genesis of species*, Macmillan, London.

Ohno, S. 1970. *Evolution by gene duplication*, Sprinter, New York.

Orgel, S. e F. H. C Crick 1980. *Selfish DNA: the ultimate parasite*, in «Nature», vol. 284, pp. 604-07.

Oster, G. 1980. *Mechanics, morphogenesis and evolution*, Address to Conference on Macroevolution, Chicago.

Ostrom, J. H. 1974. Archeopteryx *and the origin of flight*, in «The Quarterly Review of Biology», vol. 49, pp. 27-47.

– 1979. *Bird flight: how did it begin?*, in «American Scientist», vol. 67, pp. 46-56.

Paterson H. E. H. 1982. *Perspective on speciation by reinforcement*, in «South African Journal of Science», vol. 78, pp. 53-57.

Pautard F. G. E. 1961. *Calcium, phosphorus and the origin of backbones*, in «New Scientist», vol. 12, pp. 364-66.
– 1962. *The molecular-biologic background to the evolution of bone*, in «Clinical Orthopaedics», vol. 24, pp. 230-44.
Racey, P. A. e J. C. Skinner. 1979. *Endocrine aspects of sexual mimicry in spotted hyenas* Crocuta crocuta, in «Journal of Zoology London», vol. 187, pp. 315-26.
Raup, D. M. e S. J. Gould 1974. *Stochastic simulation and evolution of morphology – Towards a nomothetic paleontology*, in «Systematic Zoology», vol. 23, pp. 305-22.
Romer, A. S. 1963. *The «ancient history» of bone*, in «Annals of the New York Academy of Sciences», vol. 109, pp. 168-76.
Scott, J. D. e N. B. B. Symons 1977. *Introduction to dental anatomy*, Chirchill Livingstone, London.
Seilacher, A. 1970. *Arbeitskonzept zut konstruktionsmorphologie*, in «Lethaia», vol. 3, pp. 393-96.
– 1972. *Divariate patterns in pelecypod shells*, in «Lethaia», vol. 5, pp. 325-43.
Vrba, E. S. 1980. *Evolution, species and fossils: How does life evolve?* in «South African Journal of Science», vol. 76, pp. 61-84.
Williams, G. C. 1966. *Adaptation and natural selection*, Princeton University Press, Princeton.

L'espansione gerarchica del successo differenziale e della selezione: due processi non equivalenti

Elisabeth S. Vrba e Stephen J. Gould

In un mondo non gerarchico, la selezione naturale operante sugli organismi regolava tutto il cambiamento evolutivo di tipo non casuale. In quel mondo, l'equivalenza tradizionale fra la selezione naturale – cioè una causa di successo differenziale o di cernita[1] fra organismi – e il successo differenziale stesso – cioè il tasso differente di nascita e di morte tra organismi che variano all'interno di una popolazione – raramente avrebbe indotto in errore.

[1] Gli autori utilizzano qui, e per tutto il resto del saggio, il termine «sorting» per indicare il fenomeno del successo differenziale fra gli organismi e fra le altre entità dell'evoluzione, distinto da «selezione», intesa come uno specifico meccanismo causale del fenomeno di successo differenziale fra organismi all'interno delle popolazioni. Al fine di mantenere il carattere descrittivo del termine – che sarebbe in parte disatteso ricorrendo a vocaboli italiani non esenti da connotazioni semantiche di tipo causale e intenzionale, come «cernita», «vaglio» o «scelta» – si è deciso di tradurlo direttamente con il suo contenuto descrittivo, cioè «successo differenziale». [*N.d.C.*]

Eppure, i due fenomeni sono logicamente distinti, poiché il secondo è una semplice descrizione del «successo» differenziale mentre la selezione è un processo causale. Al contrario, in un mondo gerarchico fatto di entità che agiscono come individui evolutivi (geni, organismi e specie) a diversi livelli di inclusione crescente, il successo differenziale fra entità che stanno a un certo livello può avere un'ampia gamma di cause potenziali. La selezione naturale diretta sulle entità stesse diventa soltanto una possibilità fra tante altre.

Questo saggio affronta le ragioni per cui una visione gerarchica delle entità che evolvono in natura richiede che il successo differenziale e la selezione siano distinti. Verrà presentata e illustrata una tassonomia estesa del successo differenziale adeguata per un mondo gerarchico. Per ciascuno dei tre livelli (geni, organismi e specie) mostriamo come il successo differenziale possa derivare certo dalla selezione, se rimaniamo all'interno dello stesso livello, ma come possa essere altresì una conseguenza sia di un processo causale che dall'alto si propaga verso il basso (*downward causation*), a partire da meccanismi che agiscono su individui dei livelli superiori, sia di un processo causale che dal basso si propaga verso l'alto (*upward causation*), a partire da meccanismi che agiscono su individui dei livelli inferiori. Discutiamo poi di come questa visione a più livelli permetta di illuminare in modo nuovo uno spettro di questioni evoluzionistiche basate sia sulla struttura logica della gerarchia sia sui reali percorsi storici della sua costruzione. La gerarchia, infatti, è una proprietà effettiva della natura e non soltanto uno schema concettuale di organizzazione.

1. *Districare il successo differenziale e la selezione*

Nella teoria darwiniana, il cambiamento evolutivo è il prodotto del successo differenziale, cioè dei tassi differenti di natalità e di mortalità fra organismi che variano all'interno di una popolazione. Come tale, è una semplice descrizione di rappresentazioni differenziali di varianti in una popolazione: in sé non contiene alcuna affermazione riguardante le cause del fenomeno. Come suo nucleo centrale, il darwinismo fornisce una teoria per le cause del successo differenziale: la selezione naturale che agisce sugli organismi nella «lotta per l'esistenza». Tuttavia, anche altri processi (come la deriva genetica,[2] per esempio) producono successo

[2] Con deriva genetica si intendono le modificazioni casuali nelle frequenze geniche all'interno di una popolazione. [*N.d.T.*]

differenziale. Dunque le due nozioni di successo differenziale e di selezione (spiegazione favorita della causa del successo differenziale) sono abbastanza distinte e andrebbero accuratamente separate.

Nonostante ciò, la nostra letteratura spesso mescola i due concetti, in particolar modo citando come evidenza adeguata per la selezione la semplice ed esclusiva osservazione del successo differenziale o, in modo ancor più confuso, definendo di fatto la selezione come nient'altro che il successo differenziale stesso. Futuyma, ad esempio, scrive nel suo manuale (1979) che la selezione è il tasso differenziale di sopravvivenza e di riproduzione, e niente di più.

In questo saggio noi proponiamo tre principali tesi correlate.

– I biologi dovrebbero distinguere chiaramente il successo differenziale e la selezione.

– Il successo differenziale è stato messo sullo stesso piano della selezione perché l'argomento riduttivo del darwinismo classico – secondo il quale la selezione predomina e gli organismi sono il bersaglio della selezione – non permette di avere per il successo differenziale spiegazioni alternative importanti di tipo non casuale. I due concetti, quindi, sebbene logicamente distinti, sono implicitamente e facilmente confusi.

– La prospettiva gerarchica identifica differenti tipi di individui evolutivi (i costituenti del genoma, gli organismi, le specie), organizzati in livelli di inclusione crescente, e riconosce il ruolo sia della selezione operante a tutti i livelli sia del trasferimento degli effetti tra i livelli. Essa quindi fornisce uno schema per costruire una tassonomia estesa delle cause di successo differenziale. Presentiamo questa tassonomia, esploriamo le sue implicazioni e la usiamo per delineare il ruolo della selezione tradizionale come una tra le molte cause verificabili del successo differenziale.

La nostra teoria estesa del successo differenziale nasce da una prospettiva di tipo non tradizionale riguardo a due fondamentali aspetti della vita, l'individualità e la gerarchia.

Individualità. Se gli organismi fossero gli unici individui a riprodursi, focalizzarsi esclusivamente sulla selezione come causa non accidentale del successo differenziale avrebbe senso (sebbene la distinzione tra la selezione e il successo riproduttivo, analizzata da Sober e Lewontin 1982, sarebbe ancora un punto fermo). Un concetto più ampio di «individuo», tuttavia, ci obbliga a riconoscere che altre entità, compresi i costituenti del genoma e le specie, sono anch'esse individui biotici (Ghiselin 1974; Hull 1974, 1980). Queste altre entità condividono con gli organismi tutte le caratteristiche cruciali degli oggetti evolutivi che si riproducono: hanno una nascita e una morte, e sufficiente coerenza e stabilità durante la loro vita; interagiscono con l'ambiente e producono progenie attraverso una discendenza genealogica che possiede sia un alto grado di ereditabilità sia la possibilità di cambiamento (vedi anche Hull 1980 su interattori e replicatori). Il successo differenziale, dunque, può sicuramente avere luogo tra piccole parti del genoma delle cellule e tra specie in gruppi monofiletici, tanto quanto tra organismi nelle popolazioni.

Gerarchia. Questi diversi tipi di individui sono raggruppati insieme, uno dentro l'altro, come livelli ascendenti di una gerarchia genealogica (Arnold e Fristrup 1982; Gould 1982a, 1982b; Vrba e Eldredge 1984). Questa gerarchia moltiplica le cause potenziali di successo differenziale in due modi importanti. In primo luogo, il successo differenziale può verificarsi tra individui a tutti i livelli, non soltanto tra organismi. In secondo luogo, i livelli interagiscono fra loro e gli eventi che si verificano a un livello si propagano come effetti sugli altri. Il processo causale fluisce da un livello inferiore a uno superiore, e viceversa (Campbell 1974). Il successo differenziale a un qualsiasi livello specifico non necessariamente è causato dalla selezione naturale operante sugli individui di quello stesso livello.

La visione tradizionale che equipara il successo differenziale tra organismi alla selezione su organismi è una conseguenza della negazione della gerarchia e del suo concetto allargato di individualità. Se osserviamo il successo differenziale non casuale tra organismi nell'ottica convenzionale, dobbiamo necessariamente dedurre che esso risulti dalla selezione su di essi, poiché l'unica alternativa sarebbe la correlazione forzata fra altre caratteristiche e tratti attivamente selezionati. Tutte le eccezioni riconosciute all'equiparazione fra successo differenziale non casuale e selezione diretta – per esempio, la pleiotropia, l'autostop genico e l'allometria –[3] nascerebbero quindi come conseguenza della selezione fra organismi per altri trat-

[3] La pleiotropia è un fenomeno genetico per cui un unico gene condiziona molti aspetti del fenotipo dell'organismo. Per autostop genico si intende il processo attraverso il quale la frequenza di una mutazione aumenta a causa dell'azione di trascinamento della selezione naturale operante su geni connessi o in loci concatenati. L'allometria è la relazione tra le dimensioni di un organismo e le dimensioni di una delle sue parti. [*N.d.T.*]

ti; la morte (o la decrepitezza) viene caricata come autostoppista dalla vita, secondo la teoria della senescenza di Williams-Medawar.[4] Diversamente, se immaginiamo che la selezione (e altre cause) agiscano su diversi tipi di individui in una gerarchia genealogica, il successo differenziale tra individui di un qualche livello (gli organismi, ad esempio) potrebbe essere soltanto l'indizio di cause che stanno operando a un altro livello. Non è più necessario che sia in azione un processo diretto sugli individui presi in considerazione a quel livello.

Studiando l'evoluzione siamo stati fortemente vincolati dai limiti della nostra scala di riferimento. In quanto organismi, noi prontamente vediamo e diamo importanza ad altri organismi. In modo diretto possiamo comprendere molto della natura, della distribuzione, dell'interazione e del successo differenziale delle sottoparti fenotipiche che compongono le caratteristiche emergenti di un organismo. Ma fenomeni analoghi interessano i caratteri genomici (che vediamo sempre più chiaramente attraverso le moderne tecnologie) e le ca-

[4] Si fa qui riferimento ai seguenti lavori sugli aspetti evolutivi legati all'invecchiameno: Williams, G.C., 1957. *Pleiotropy, natural selection and the evolution of senescence*, in «Evolution», vol. 11, pp. 398-441 e Medawar, P.B., 1952. *An unsolved problem in biology*, Lewis, London. [*N.d.T.*]

ratteristiche emergenti delle specie (che la maggior parte dei biologi non sono nemmeno disposti a immaginare). I problemi dell'evoluzione vanno ben oltre la complessità dell'adattamento degli organismi. Anche i caratteri e le dinamiche a livelli gerarchici più alti e più bassi sono cruciali nella storia della vita. Se non facciamo riferimento a questi altri aspetti della vita, infatti, gli stessi fenomeni che osserviamo al livello degli organismi difficilmente possono essere compresi.

2. *La gerarchia e le nuove possibilità per spiegare il successo differenziale*

Gli evoluzionisti hanno una buona comprensione, quasi intuitiva, di come funziona la selezione sugli organismi. Sorgono tuttavia alcune complicazioni quando espandiamo il concetto di selezione in modo gerarchico. Dobbiamo essere più precisi quando affermiamo che la selezione si applica ugualmente al successo differenziale tra costituenti del genoma e tra specie. Il problema riguarda la natura dei caratteri, cioè degli stati fisici che derivano dalla natura e dalla distribuzione delle sottoparti in un individuo. Tutti gli individui che si riproducono hanno infatti caratteri aggregati, cioè proprietà intrinseche delle sottoparti, e caratteri emergenti, derivanti invece dall'organizzazione delle sottoparti. I geni identici in ogni cellula dell'organismo formano un insieme di caratteri aggregati dell'organismo, mentre i caratteri fenotipici (come le proteine, i colori del manto o i comportamenti) sono emergenti al livello dell'organismo. In modo simile, se tutti gli organismi in una certa specie di falena sono neri, allora il nero è un carattere aggregato della specie. Solo caratteri che nascono dalla distribuzione e dall'interazione fra gli organismi sono emergenti al livello di specie.

Parlando di caratteri ci riferiamo soltanto a schemi fisici e non alla loro dinamica o alle conseguenze ecologiche. I possibili caratteri emergenti di una specie, quindi, includono le dimensioni della popolazione, la distribuzione e la composizione. Non includono invece fenomeni come il tasso di speciazione, le zone adattative e la compatibilità riproduttiva interspecifica. Noi suggeriamo che gli individui siano soggetti alla selezione a ogni livello per i propri caratteri soltanto se questi sono ereditabili, se sono emergenti e se interagiscono con l'ambiente causando il successo differenziale (vedi anche Vrba 1980a, 1984b; Gould 1982; Vrba e Eldredge 1984): la selezione agisce soltanto su quelle interazioni, tra la variazione di caratteri ereditabili emergenti e l'ambiente, che causano differenze nei tassi di nascita e di morte tra individui che variano. Potremmo dunque dire che ogni altra causa di successo differenziale non è la selezione operante al livello specifico preso in considerazione. Un'ipotesi di selezione è allo stesso tempo un'asserzione riguardante un *aptation*. Usiamo «aptation» come termine generale per indicare ogni carattere attualmente soggetto a selezione positiva, indipendentemente da come si sia evoluto (vedi saggio precedente in questo volume), in contrasto con il termine più ristretto di «adattamento» usato per indicare un carattere evolutosi per selezione per la sua funzione attuale nel senso di Williams (1966).

Il successo differenziale che non è basato sulla selezione tra oggetti posti sotto scrutinio allo stesso livello deriva principalmente dall'interazione con gli altri livelli. Tuttavia, un'interessante asimmetria distingue la propagazione degli effetti causali verso l'alto e verso il basso. La selezione a livelli più bassi potrebbe influenzare, ma non necessariamente, gli individui a livelli più alti. Il successo differenziale tra elementi genomici non necessariamente cambia i fenotipi o la fecondità degli organismi, come nell'ipotesi del «DNA egoista», dove l'aumento del numero di copie di DNA mediamente ripetitivo avviene, almeno negli stadi iniziali, senza alcun effetto o con minimi effetti sull'organismo che lo contiene.

Ogni processo di selezione ai livelli più alti invece deve, comunque, richiedere una cernita tra gli individui a tutti i livelli sottostanti. La causalità dall'alto verso il basso raggiunge sempre i livelli inferiori, mentre la causalità dal basso verso l'alto non necessariamente si verifica. Supponiamo, ad esempio, che attraverso selezione fra specie un sottoclade monofiletico di un clade più ampio aumenti la proporzione delle specie che contribuiscono all'intero clade. Se tutte le specie contengono grossomodo lo stesso numero di organismi, allora gli organismi che portano caratteri apomorfici e che distinguono il sottoclade selezionato aumenteranno la loro frequenza relativa all'interno del clade. Allo stesso modo, anche i geni ereditati unicamente all'interno del sottoclade selezionato saranno vagliati positivamente. I geni e gli organismi hanno quindi un successo differenziale, ma nessuna selezione attiva ha avuto luogo sui caratteri emergenti né a livello degli organismi né a quello genico. L'intero successo differenziale di organismi e di geni si è realizzato come effetto del processo causale verso il basso della selezione fra specie per aumentare il numero di specie all'interno di un sottoclade favorito.

In questi casi, il successo differenziale degli organismi e dei geni proviene ancora da un qualche tipo di selezione, benché a un livello differente (una distinzione fondamentale). Il nostro approccio non intende promuovere quindi alcuna affermazione negativa e limitante riguardo alla frequenza naturale dei processi di selezione. Nella maggioranza dei casi, il successo differenziale non selettivo a un livello focale potrebbe benissimo essere dettato dalla selezione a un altro livello sottostante o soprastante. Ma il modello gerarchico enfatizza una distinzione importante: un processo causale di selezione a un livello specifico è ontologicamente diverso dal fenomeno per cui il successo differenziale tra individui di un certo livello viene guidato da eventi che avvengono a un livello più alto o più basso.

Il successo differenziale, in altre parole, può avvenire anche come effetto di cause che agiscono ad altri livelli. La selezione non rappresenta dunque tutte le cause possibili di successo differenziale. Dobbiamo estendere la tassonomia in modo che includa la selezione a un livello specifico – l'unica categoria solitamente riconosciuta (e generalmente permessa solo per gli organismi) – come una soltanto delle possibili cause del successo differenziale.

3. *Una tassonomia estesa del successo differenziale*

Il nostro schema (tab. 2, p. 69) include soltanto le cause ereditabili e non casuali del successo differenziale e il flusso dei processi causali tra i livelli. I biologi, però, riconoscono anche due altre modalità che riporteremo adesso ma che non discuteremo per esteso: il successo differenziale non casuale e non ereditabile basato su differenze eco-fenotipiche (negli organismi) o su storie climatiche e geologiche variabili (nelle specie); e il successo differenziale ereditabile ma casuale (dalla deriva genetica, ai livelli bassi della gerarchia, fino alle tendenze macroevolutive ai livelli più alti, come in Raup e Gould 1974). Presenteremo di seguito la nostra tassonomia che riguarda soltanto la modalità che è stata una preoccupazione centrale per i biologi evoluzionisti per più di un secolo: il successo differenziale ereditabile, non casuale, compresi i risultati della selezione. Per ciascuna delle tre categorie che seguono – interazione fra caratteri e ambiente a un livello specifico; causalità verso il basso; causalità verso l'alto – discuteremo esempi a tre livelli ascendenti: geni, organismi e specie.

La distinzione tra il successo differenziale correlato a caratteri ereditabili e il successo differenziale che coinvolge solo variazione eco-fenotipica

Tabella 2

Classificazione estesa delle cause ereditabili e non casuali di successo differenziale. Gli esempi sono discussi nel testo. Le frecce indicano direzioni generali dei processi causali tra i livelli (non necessariamente tra gli esempi nello specifico). Da notare che la categoria intermedia, la selezione fenotipica su organismi che agisce a quel livello soltanto, è stata solitamente interpretata come la causa di tutto il successo differenziale che coinvolge gli organismi. La realtà è di gran lunga più complessa e interessante.

	Causa di successo differenziale		
Livello gerarchico	Verso il basso	Allo stesso livello focale	Verso l'alto
Geni	Ad esempio, nell'interfaccia organismi-geni, l'effetto autostop genico del mutante per il daltonismo di tipo Protan, dovuto a selezione per la resistenza alla malaria (Templeton 1982)	Selezione del «DNA egoista», ad esempio nella famiglia *Alu* (Doolittle 1982)	
Organismi	Ad esempio, nell'interfaccia specie-organismi, l'autostop dei fenotipi dei roditori per selezione di specie nei generi *Spalacopus* e *Ctenomys* (Gilinsky 1987)	La selezione fenotipica convenzionale, ad esempio il melanismo industriale nelle falene (Kettlewell 1958)	(interfaccia geni-organismi) Effetto di successo differenziale nei fenotipi degli organismi
Specie		La selezione di specie, ad esempio nelle specie di roditori dei generi *Spalacopus* e *Ctenomys* (Gilinsky 1987)	(interfaccia organismi-specie) Ipotesi dell'effetto macroevolutivo, ad esempio nelle specie di antilopi alcelaphini-aepycerotini (Vrba 1984a)

(non genetica) non è controversa. La variazione tra organismi della stessa specie nei tassi di natalità e di mortalità potrebbe dipendere interamente da differenze ambientali locali e temporanee (si veda Stearns 1982). In modo simile, al livello delle specie, le filogenesi potrebbero essere differenti nei tassi di diversificazione delle specie non perché differiscano in caratteri ereditabili, ma solamente come risultato di fattori estrinseci, compreso il variare delle storie climatiche e geologiche (Cracraft 1982).

Il termine «casuale» può essere usato in più di un senso per descrivere fenomeni evolutivi. L'accezione biologica più restrittiva implica che non esiste alcuna relazione di una certa rilevanza tra eventi casuali a un certo livello focale (ad esempio il successo differenziale fra organismi) e una qualsiasi variazione di carattere (che sia genomica, tra organismi o tra specie). Teoricamente, un successo differenziale casuale in questo senso potrebbe avvenire tra sequenze di DNA non codificante (Dover 1980), a livello dei genotipi e dei fenotipi (la familiare deriva casuale) e tra le specie (Raup e altri 1973).

Tuttavia, in un secondo utilizzo, tecnicamente scorretto ma comune, gli eventi a un dato livello sono visti come casuali rispetto alla selezione naturale a quello stesso livello. Questo concetto è più familiare grazie all'affermazione convenzionale secondo cui le mutazioni genetiche sono casuali in relazione alla selezione tra i fenotipi degli organismi. In casi simili, tutti capiamo che vi sono cause prossime che governano la mutazione e che le mutazioni osservate sono parte di un limitato insieme possibile e potrebbero essere fortemente polarizzate.

Le mutazioni sono «casuali» solo rispetto alle richieste adattative dei fenotipi al livello immediatamente superiore. In *Drosophila melanogaster*, ad esempio, gli elementi trasponibili chiamati fattori P hanno una speciale tendenza a indurre mutazioni nel locus *singed*, che potrebbe generare conseguenze selettive a livello fenotipico (Lindsley e Grell 1944; Golubovsky 1978; Shapiro 1983). Etichettando tali mutanti *singed* come «spontanei» oppure «casuali», il centro della spiegazione è posto sulla selezione nelle popolazioni e non sul processo genomico direttivo. A un livello superiore, la selezione fra organismi può dar luogo indirettamente a gruppi di dimensioni tipiche e geneticamente stabilite. Teoricamente tale variazione tra specie potrebbe condurre alla selezione di specie. L'introduzione *de novo* del carattere di specie è determinata da un processo causale verso l'alto a partire da livelli inferiori e tuttavia, nel senso convenzionale, è casuale rispetto a qualsiasi pressione selettiva tra le specie.

Nella stessa accezione, «casualità» si applica non solo alle cause di introduzione di novità che passano dai livelli inferiori ai superiori o viceversa, ma anche al successo differenziale nella variazione, rispetto a ogni selezione naturale che agisca a un livello specifico. Ad esempio, tassi differenziali di riproduzione dei cromosomi, come nelle distorsioni da segregazione, causeranno un cambiamento nella variazione di ogni «DNA egoista». Ma tale causa sarebbe casuale rispetto alla selezione al livello del DNA non codificante. La distorsione da segregazione potrebbe anche alterare le frequenze differenziali dei fenotipi degli organismi per un processo causale verso l'alto, il quale sarebbe poi casuale rispetto a una (eventualmente contraria) forza di selezione al livello dell'organismo (vedi Lewontin 1970). Il riferimento a un processo «casuale» con questo secondo significato di solito implica che «o non possiamo conoscere o scegliamo di non conoscere la base deterministica del processo che stiamo considerando». Nella biologia tradizionale, quasi sempre poniamo il centro delle nostre spiegazioni su una particolare serie causale a un livello (di solito la selezione in popolazioni) e quindi releghiamo le basi deterministiche provenienti da altri livelli alla «scatola nera» della casualità. Al contrario, l'approccio gerarchico restringe il termine «casuale» al suo primo significato e cerca di allargare l'analisi di tali basi deterministiche richiamando una varietà di cause che siano trasferibili tra i livelli.

Possiamo ora presentare la nostra tassonomia delle cause ereditabili e non casuali del successo differenziale, considerando tre livelli: genomi, organismi e specie (tab. 2, p. 69). La causa proviene sempre dall'interazione dei caratteri con l'ambiente, ma noi ci chiediamo se i caratteri che causano il successo differenziale a un livello siano emergenti a quel livello stesso, al livello immediatamente superiore oppure a quello sottostante. Riformulando la domanda: il successo differenziale a un livello specifico è il risultato della selezione a quel livello, di un processo causale verso il basso o di un processo causale verso l'alto?

Interazione fra caratteri e ambiente a un livello specifico: l'uso convenzionale della selezione. La selezione al livello genomico degli elementi non codificanti, il «DNA egoista», fu proposta da Doolittle e Sapienza (1980) e da Orgel e Crick (1980). In una rassegna più recente, Doolittle scrive (1982,

p. 3): «Pezzi di DNA che non codificano per niente di utile corrono il rischio di delezione. Se ci fossero strategie sequenza-specifiche attraverso le quali la delezione possa essere evitata, la selezione naturale che opera all'interno dei genomi, in modo indipendente dal fenotipo dell'organismo o dall'adattabilità delle popolazioni, favorirebbe il mantenimento del DNA che adotti queste strategie sequenza-specifiche». Cautamente conclude che gli schemi osservati, sia quelli intragenomici sia quelli all'interno e tra le specie, confermano effettivamente questa affermazione. Cita come esempio il DNA mediamente ripetitivo della famiglia delle sequenze *Alu*, ripetuto qualcosa come trecentomila volte nel genoma umano e con sequenze simili identificabili in altri mammiferi.

Un particolare processo di selezione non necessariamente è confinato agli individui che risiedono all'interno di un singolo individuo di livello superiore – come nella selezione delle sequenze di DNA omologhe. Se particolari sequenze *Alu* possiedono un meccanismo di trasposizione che accresce il loro successo selettivo (Elder e altri 1981), allora quel meccanismo opererà ovunque capita, tra organismi separati e addirittura tra specie.

Lo stesso principio si applica alla selezione al livello degli organismi. Un particolare processo di selezione tra i genotipi e i fenotipi non deve necessariamente rispettare il confine delle specie. Consideriamo la selezione per il melanismo industriale nelle falene, dimostrato in linee di discendenza provenienti da diverse famiglie di lepidotteri in Gran Bretagna e altrove. Se la base genetica è omologa in specie diverse, come pare probabile (Kettlewell 1958; Ford 1964), allora lo stesso regime di selezione potrebbe aver operato trasversalmente ai confini di specie e persino a livelli tassonomici superiori.

L'idea della selezione tra specie è presente in letteratura da molto tempo sotto forma di riflessioni isolate (ad esempio, Wright 1956; Fisher 1930), ma il modello degli equilibri punteggiati (Eldredge e Gould 1972) ha suggerito che le regole del successo differenziale tra le specie sono centrali per le spiegazioni dell'evoluzione sul lungo periodo. Ciò ha condotto a sua volta a rinnovate esplorazioni della selezione tra specie (Eldredge e Gould 1972; Stanley 1975, 1979; Gould e Eldredge 1977; Eldredge e Cracraft 1980), ma ancora pochi studi sono stati verificati per la selezione tra specie con il criterio appropriato della variazione ereditabile ed emergente fra specie. Gould (1982b) ha trovato un supporto all'ipotesi della selezione tra specie nel record fossile dei neogasteropodi della famiglia *Volutidae*, studiati da Hansen (1978). Vrba (1984b) ha esaminato le tendenze filogenetiche delle antilopi e di altri mammiferi africani a partire dal Miocene e non ha trovato prove della selezione tra specie. Un esempio interessante tra i roditori sudamericani è stato recentemente discusso da Gilinsky (1986). I tuco-tuco (genere *Ctenomys*) e i coruro (genere *Spalacopus*) hanno evoluto eccezionali caratteristiche da scavatori – una «complessità adattativa» molto probabilmente prodotta dalla selezione tra organismi per la vita nel sottosuolo. Questi fenotipi, tuttavia, costituiscono solo una parte dello schema biologico che necessita di una spiegazione. Il genere più recente *Ctenomys* comprende circa sessanta specie viventi, mentre *Spalacopus* solo una. *Ctenomys* ha una più ampia distribuzione geografica, ma anche quando si trovano in simpatria[5] *Ctenomys* supera in numero *Spalacopus* con sedici specie a uno. Gilinsky punta su solide prove di un basso flusso genico tra popolazioni all'interno delle specie di *Ctenomys*, mentre le popolazioni di *Spalacopus* sono raramente isolate l'una dall'altra. Egli interpreta questa differenza nella distribuzione e nell'interazione delle popolazioni

[5] Le popolazioni sono simpatriche quando condividono la stessa regione geografica. [*N.d.T.*]

come un carattere emergente al livello di specie e conclude che i dati indicano che nel passato ha avuto luogo una selezione di specie.

Interazione fra caratteri e ambiente a livelli più alti: il processo causale verso il basso che produce il successo differenziale a un livello specifico. Due diversi processi possono essere identificati in questa categoria (per un'estesa discussione si veda Vrba e Eldredge 1984). In primo luogo, ogni processo differenziale di natalità e di mortalità tra individui ad un livello più alto inevitabilmente sottoporrà a un vaglio anche entità a livelli inferiori. Il viaggio che queste entità percorreranno nell'evoluzione è dettato dal successo differenziale fra gli individui di livello superiore all'interno dei quali essi risiedono. In secondo luogo, le proprietà strutturali, emergenti di un individuo di livello superiore potrebbero causare il successo differenziale di variazioni che avvengono all'interno del corpo di quel singolo individuo.

Molti esempi del primo caso sono stati studiati all'interfaccia genoma-organismo. Ad esempio, un'intensa selezione su un locus principale può dare origine a effetti *hitchhiking* o autostop genici (Maynard Smith 1978). Come esempio, Templeton (1982) cita il lavoro di Filippi e altri (1977) sulla resistenza alla malaria nell'uomo in Sardegna.

La selezione, favorendo l'allele legato al cromosoma x che causa la deficienza delle glucosio-6-fosfato deidrogenasi (un adattamento alla malaria), potrebbe aver prodotto un effetto di autostop genico sul locus strettamente legato che causa il daltonismo di tipo Protan.

Lo stesso principio si applica all'interfaccia tra organismo e popolazione e all'interfaccia tra organismo e specie. Pertanto, se l'argomentazione di Gilinsky (1986) è corretta, la selezione di specie ha fatto sì che i fenotipi caratteristici di *Ctenomys* diventassero molto più diversificati e plurali di quelli di *Spalacopus*. Notiamo qui una componente del successo differenziale a livello degli organismi di tuco-tuco e di coruro, dettata non dalla selezione al loro livello proprio ma dalle regole che governano i tassi di speciazione e di estinzione.

Sono anche ben noti esempi del secondo caso a livelli più alti, cioè un processo causale verso il basso a partire dai caratteri emergenti delle specie con effetti sul successo differenziale tra i genotipi e i fenotipi all'interno di una popolazione o specie, sono pure ben noti. Ogni caso in cui la dimensione e la separazione delle popolazioni conduca alla fissazione di mutanti contro la forza della selezione all'interno delle popolazioni rientra in questa categoria. Consideriamo *Clarkia lingulata*, una pianta da fiore annuale, e la specie sorella, *Clarkia biloba*, due specie con differenze nelle translocazioni cromosomiche. Gli ibridi sono sterili perché gli eterozigoti cromosomici vanno incontro a problemi meccanici durante la meiosi (Lewis 1961, Paterson 1982). Le translocazioni, quindi, devono essere state originariamente fissate non dalla selezione bensì per caso, a dispetto della selezione contro gli eterocariotipi. La teoria della genetica di popolazione indica che sono necessarie dimensioni effettive della popolazione estremamente piccole per la fissazione casuale di tali cariotipi eterotici negativi (Wright 1941; Lande 1979). In questo esempio vediamo un probabile flusso causale tra livelli: inizialmente le dinamiche al livello degli organismi produssero una struttura popolazionale di dimensioni reali piccole, il carattere emergente della popolazione. In seguito, è stata necessaria una causalità verso il basso a partire dalla struttura di popolazione per produrre un successo differenziale positivo del mutante con il fenotipo translocato, in contrapposizione alla selezione operante contro gli eterocariotipi.

Ovviamente, queste strutture di popolazione in *Clarkia* non sono necessariamente ereditabili. Siffatte caratteristiche emergenti delle popolazioni e delle specie possono sorgere come fenomeni transitori, indotti da condizioni ambientali contingenti, e tuttavia esercitare una causalità verso il basso con un significato evolutivo di lungo termine. Solo se i caratteri hanno basi genetiche e variano tra le diverse linee filogenetiche possono essere coinvolti nella selezione tra specie. Ma l'idea che variazioni emergenti ereditabili esistano al livello di specie e che possano essere onnipresenti in alcuni gruppi è del tutto ragionevole. Un esempio potrebbe essere la tipica struttura popolazionale che risulta dal comportamento sociale, come nel topo (Lewontin 1970), nelle antilopi (Vrba 1984a) e in altri mammiferi (Wilson e altri 1975).

Interazione fra caratteri e ambiente a livelli più bassi: il processo causale verso l'alto che produce il successo differenziale a un livello specifico. La selezione a un livello più basso può rimanere confinata, senza cambiamenti connessi nei tassi di nascita e di morte (o qualunque altro cambiamento nella variazione emergente) tra gli individui di livello più inclusivo. Spesso, tuttavia, le cause si propagano verso l'alto.

Suggeriamo che tale propagazione possa accadere frequentemente all'interfaccia fra genoma e organismo, un argomento controverso (vedi anche Vrba 1984b) poiché tutto il successo differenziale ereditabile e non casuale tra gli organismi è stato tradizionalmente incluso sotto il concetto «acchiappa tutto» di selezione. Ma noi sosteniamo che – a eccezione dei casi in cui i caratteri emergenti fra gli organismi (ovvero i fenotipi in senso lato) interagiscono con l'ambiente non semplicemente durante il processo riproduttivo in sé ma come la causa del differenziale riproduttivo – il processo non dovrebbe essere chiamato selezione. Consideriamo il seguente caso ipotetico. Una sequenza mutante di DNA non codificante è «egoisticamente» selezionata al suo livello. Supponiamo che la presenza di questa sequenza a più alte frequenze produca direttamente un aumento nel tasso di natalità tra gli organismi che la contengono. Se appuriamo che, attraverso tale processo, nessun altra variazione fenotipica ha una qualsivoglia relazione deterministica con il tasso differenziale delle nascite, dovremmo forse chiamare tale fenomeno selezione naturale al livello del fenotipo e definire la sequenza mutante non codificante un «adattamento» dell'organismo? Suggeriamo di no. Piuttosto, dovremmo distinguere tale processo dalla selezione naturale convenzionale non soltanto sul piano teorico ma anche a livello terminologico. Non possiamo citare qui esempi documentati, ma suggeriamo che questa assenza possa dire di più sullo stato delle nostre conoscenze e delle nostre aspettative che non sulla frequenza naturale di simili processi. Ad esempio, numerose testimonianze di variazione nelle strategie riproduttive di tipo R contrapposte a quelle di tipo K all'interno o tra le specie, e il poco che sappiamo delle loro basi genetiche, potrebbero meritare un esame più approfondito sotto questa prospettiva.

I biologi, però, hanno documentato processi causali verso l'alto per la diffusione polarizzata di variazione tra organismi senza che vi sia selezione al loro livello. La dinamica degli alleli *t* nei topi comuni fornisce un esempio classico. Il pool effettivo di sperma di maschi eterozigoti in alcune popolazioni contiene circa l'ottantacinque per cento di sperma portatore di *t*, probabilmente come risultato della potente selezione degli organelli a livello dei cromosomi (Lewontin 1970). La frequenza di individui portatori di *t* è quindi influenzata da un processo causale verso l'alto, ma la selezione a livello degli organismi riduce la frequenza di *t* perché i maschi omozigoti per *t* sono sterili. Un altro tipo di processo che coinvolge la diffusione di sequenze di DNA ripetitivo è stato discusso da Dover e altri (1982) e denominato «molecular drive».[6] La mol-

[6] Processo evolutivo che cambia la composizione genetica di una popolazione attraverso meccanismi di turnover del DNA. [*N.d.T.*]

tiplicazione e il trasferimento di certe varianti di sequenze tra i cromosomi nei genomi parentali avviene in modo tale che le varianti guadagnino una rappresentazione favorita nei discendenti: un processo che opera al di fuori del sistema mendeliano e, a meno che non si verifichino rilevanti effetti fenotipici, senza che vi sia selezione tra gli organismi. In entrambi i casi, la diffusione polarizzata delle variazioni non implica un processo causale verso l'alto con l'effetto di un maggior successo differenziale. Ossia, gli alleli *t* e le sequenze di DNA non guadagnano una più ampia rappresentanza causando un più alto tasso di natalità tra gli organismi in cui risiedono. Essi si diffonderebbero anche se i tassi di natalità fossero gli stessi tra organismi che li contengono e organismi che non li contengono. In altre parole le dinamiche che causano la diffusione sono decise ai livelli genomici inferiori e non dal successo differenziale degli organismi. Noi prevediamo però che i processi causali verso l'alto che producono differenziali di nascita di tipo non selettivo tra gli organismi possano pure essere abbastanza comuni.

Il principio di causalità verso l'alto che produce un «successo differenziale [*sorting*] che non è selezione [*selection*]» fu discusso per la prima volta all'interfaccia tra organismi e specie e chiamato «l'ipotesi dell'effetto macroevolutivo» (Vrba 1980a, 1983). Il termine «effetto» segue la terminologia di Williams (1966), il quale suggerì che solo quei caratteri plasmati dalla selezione naturale per svolgere particolari funzioni dovrebbero essere chiamati adattamenti; e che gli adattamenti possono avere effetti incidentali che non sono sorti come conseguenze dirette della selezione. Paterson (comunicazione personale 1978) ha sostenuto l'idea che le speciazioni siano sempre effetti nel senso di Williams (1966). Vrba (1980a) ha proposto che gli effetti si possano estendere verso l'alto attraverso le interfacce gerarchiche e specialmente che i regimi di selezione fra gli organismi (differenti fra le linee di discendenza di un gruppo monofiletico) possano condurre a schemi disparati di diversificazione delle specie così come a tendenze di lungo termine nella divergenza. Da molto tempo i biologi hanno riconosciuto che le specie si estinguono perché la selezione fra gli organismi rimuove gli individui uno per uno finché non ne restano più: il successo differenziale fra le specie come effetto della selezione sugli organismi nel senso darwiniano. L'aspetto cruciale dell'ipotesi dell'effetto (e la sua componente di novità non riscontrabile nella precedente teoria) risiede altrove: la selezione per la fitness immediata degli organismi potrebbe anche, e incidentalmente, guidare i tassi di speciazione. Nella misura in cui gli equilibri punteggiati[7] sono pertinenti, l'aumento differenziale netto nelle specie deve anche forzare una tendenza generale nella divergenza dei caratteri degli organismi. Questi caratteri degli organismi raggiungono l'apice di una tendenza non perché siano migliori di altri: gli adattamenti che si trovano all'estremo della tendenza dove vi sono meno specie potrebbero svolgere un lavoro ugualmente buono o persino migliore di promozione della fitness degli organismi e della fitness genetica. Essi prevalgono nelle tendenze perché incidentalmente causano la moltiplicazione di individui di livello superiore, le specie, che li contengono – «incidentalmente» perché la loro selezione chiaramente non si è verificata per la funzione di promuovere la speciazione.

Esempi evidenti possono essere ritrovati nelle filogenesi di mammiferi africani dal Miocene a

[7] La teoria degli equilibri punteggiati è stata formulata nel 1972 dai paleontologi Niles Eldredge e Stephen J. Gould. Rappresenta un modello teorico dell'evoluzione su larga scala dove ogni specie è caratterizzata da lunghi periodi di stabilità interrotti da periodi di rapido cambiamento. In questo modello il cambiamento è guidato dalla selezione naturale, influenzato dagli effetti della deriva genetica e si concentra in eventi di speciazione di tipo allopatrico, con separazione ecologica in isolati periferici. [*N.d.T.*]

oggi. Vrba (1984a) ha usato gruppi monofiletici di specie estinte e viventi per mettere alla prova una serie di ipotesi alternative:

– La causa dell'aumento netto differenziale di specie è il caso.

– La causa risiede nell'interazione dei caratteri degli organismi con l'ambiente (l'ipotesi dell'effetto). Ad esempio, i caratteri fenotipici che conferiscono la possibilità di utilizzare molte risorse (misurata, ad esempio, registrando la varietà di tipi di cibo mangiata dagli organismi di una specie) possono regolare il tasso di speciazione nel seguente modo: la probabilità che gli organismi percepiscano le variazioni ambientali come un deterioramento dell'habitat sono maggiori nel caso di certi specialisti piuttosto che nei generalisti. Tali organismi stenotopi,[8] dunque, dovrebbero essere soggetti più frequentemente alla selezione direzionale al livello di genotipi e fenotipi e, di conseguenza, alla frammentazione e alla divergenza delle popolazioni, alla speciazione e all'estinzione.

– La causa deriva dall'interazione dei caratteri emergenti delle specie con l'ambiente (selezione di specie). Ad esempio, all'interno di queste specie

[8] Con il termine «stenotipi» ci si riferisce a organismi legati a un ambiente ben preciso con elevata specializzazione. [*N.d.T.*]

di mammiferi, i fenotipi legati alla mobilità e al comportamento sociale potrebbero favorire alcune tipiche strutture e separazioni delle popolazioni – ovvero caratteri delle specie emergenti ed ereditabili. Ci si può attendere allora che discendenze di popolazioni isolate con basso flusso genico esibiscano alti tassi di speciazione.

Nei casi esaminati, i risultati falsificano l'ipotesi della casualità e l'ipotesi della selezione di specie, mentre sostengono le previsioni dell'ipotesi dell'effetto. I *sister group*[9] degli alcelaphini e degli aepycerotini sono stati analizzati altrove in modo dettagliato (Vrba 1984a). In breve possiamo dire che i resti fossili e le specie attuali di alcelaphini (il blesbuck, l'alcefalo, lo gnu) indicano: alti tassi di speciazione e di estinzione (trentatrè specie estinte e sette ancora viventi dalla fine del Miocene, e almeno diciotto eventi di separazione e circa una dozzina di estinzioni finali); un'alta divergenza a livello dei fenotipi degli organismi, espressa in una massiccia tendenza verso caratteristiche come le forme sempre più complesse delle corna, i musi al-

[9] I *sister group* sono un gruppo monofiletico più strettamente imparentato al gruppo che si considera rispetto a qualsiasi altro gruppo. [*N.d.T.*]

lungati e le specializzazioni per la masticazione di vegetali coriacei; tutte le specie attuali sono specializzate nel pascolo e sono migratrici con, apparentemente, un basso grado di isolamento ma un alto flusso genico tra popolazioni. All'opposto, l'altro *sister group*, gli aepycerotini (gli impala) indicano: nessuna divisione o estinzione terminale a partire dall'ultimo antenato comune con gli alcelaphini del Miocene; bassa divergenza (virtualmente una stasi) nei fenotipi degli organismi (i crani e gli scheletri dei moderni impala assomigliano moltissimo a quelli fossili, vecchi di molti milioni di anni); ogni organismo attuale pascola ma raccoglie anche una grande varietà di piante; le moderne popolazioni di impala si spostano decisamente poco, hanno distribuzioni compatte e statiche e un basso flusso genico tra popolazioni isolate. Riassumendo, i dati suggeriscono che le pressioni locali della selezione sugli organismi specializzati al pascolo, e non i fattori di flusso genico che derivano da caratteri a livello delle specie, abbiano causato questo schema fortemente disparato di diversità e di tendenze tra i due *sister group*.

Consideriamo anche la moderna abbondanza di organismi in questi due *sister group*: i censimenti (Vrba 1980b; Greenacre e Vrba 1984) suggeriscono che la singola specie di impala potrebbe lasciare tanti geni alle generazioni future quanti tutte le specie di alcelaphini messe insieme. Questo dato rappresenta una nota stonata rispetto alla visione tradizionale secondo cui il successo degli organismi si traduce uniformemente in quello delle specie. Lo schema osservato, invece, è abbastanza compatibile con la prospettiva gerarchica. Se si insiste con l'eguagliare «più individui» con «successo», allora in questo esempio il successo degli organismi e quello delle specie sono in larga misura indipendenti. Non vorremmo collegare la tendenza visibile negli alcelaphini a questa nozione tradizionale di «successo». Nel senso teleologico di progresso selezionato, l'evoluzione degli alcelaphini non sta andando da nessuna parte. La tendenza rappresenta esclusivamente un processo causale verso l'alto e un effetto.

Ciò non di meno, sarebbe ugualmente falso e fuorviante sostenere che il caso qui discusso non coinvolga tendenze del tutto, poiché ogni sottogruppo mantiene all'incirca lo stesso numero di organismi mentre uno soltanto (gli alcelaphini) li distribuisce in più specie. Dando semplicemente origine a più specie, gli alcelaphini sviluppano un potenziale di diversità fenotipica negato agli aepycerotini, che mantengono lo stesso numero di organismi in un solo fenotipo. Poiché, empiricamente, un modello di equilibrio punteggiato sembra predominare in questo gruppo (Vrba 1980a, 1984a), il sottogruppo degli impala, fallendo nell'originare nuove specie, non può sviluppare né un aumento nella diversità né un cambiamento significativo nella forma, mentre gli alcelaphini, con la loro capacità di cambiare potenzialmente a ogni speciazione, diventano evolutivamente instabili come effetto incidentale degli alti tassi di speciazione causati ad altri livelli.

4. *Implicazioni della gerarchia: l'estensione gerarchica della nozione di* exaptation

La nostra tassonomia del successo differenziale (tab. 2, p. 69) potrebbe urtare alcuni lettori come una complessa moltiplicazione e un eccessivo raffinamento di definizioni. Noi lo consideriamo invece uno sforzo di semplificazione e di unificazione. Una teoria generale della biologia è una teoria di livelli gerarchici, di come emergono e interagiscono fra loro. Le entità che svolgono lo stesso ruolo nel processo evolutivo devono essere classificate insieme. Questo punto è stato acquisito per gli individui (Ghiselin 1974: Hull 1974, 1980), per i replicatori (Dawkins 1978), per le unità di selezione (Hull 1980), per gli adattamenti (Williams

1966; Gould e Vrba 1982) e per i caratteri degli individui di tipo aggregato oppure emergente (Vrba e Eldredge 1984). Lo stesso principio si applica anche ai processi evolutivi stessi. È plausibile che le stesse cause generali operino a ciascun livello, sia nella sua evoluzione iniziale sia in seguito con l'introduzione *de novo* e il successo differenziale della variazione. Dobbiamo considerare il processo evolutivo in sé come la base ed esplorare le sue modalità comuni di azione su e giù nella gerarchia, in particolare le interazioni tra i livelli (vedi anche Pattee 1970; Hull 1980).

Un approccio di questo tipo fornisce una cornice appropriata per comprendere l'evoluzione come un processo storico contingente e per cogliere le tendenze primarie della storia stessa. Ad esempio, la gerarchia ci permette di riformulare l'affermazione di base secondo cui le mutazioni sono «casuali» in quanto materia prima per il cambiamento evolutivo (vedi pp. 68-73). Questa affermazione, sebbene canonica al limite del catechismo, ha sempre infastidito gli evoluzionisti perché sappiamo che, considerate al livello fisico-chimico della struttura e dell'azione del gene, le mutazioni non sono eventi casuali. Esse rappresentano serie causali indipendenti dalla selezione sugli organismi e mantengono le loro proprietà specifiche, simili a leggi, di origine, di successo differenziale, di inserzione ed espressione nei fenotipi.

Ovviamente, gli evoluzioni intendevano in realtà dire qualcos'altro affermando che le mutazioni sono «casuali»: vale a dire, che esse compaiono senza riferimento alle esigenze adattative del fenotipo. In altre parole, l'aggettivo «casuale» è stato tecnicamente usato in modo scorretto per esprimere una relazione, un'affermazione secondo cui la frequenza e la direzione delle mutazioni non è legata alla selezione naturale sui fenotipi (sappiamo anche che l'affermazione non è sempre vera, come nella derepressione dei loci mutanti sotto regimi di intensa selezione). «Le mutazioni sono casuali» è un'affermazione fuorviante che subdolamente incorpora una visione restrittiva e non gerarchica della vita: la selezione nelle popolazioni vista come *il* processo dell'evoluzione, con tutti gli altri processi valutati in relazione a essa.

La prospettiva gerarchica risolve ogni paradosso e difficoltà. Poiché le mutazioni si verificano a un livello che sta sotto quello degli organismi, la loro indipendenza dovrebbe condurci a prevedere una relazione causale non diretta con la selezione naturale che opera al livello convenzionale dei fenotipi. Abbiamo coniato il termine «exaptation» per indicare le caratteristiche che emergono per un certo motivo e sono poi fortuitamente disponibili e cooptate dalla selezione per un'altra ragione (vedi saggio precedente in questo volume). Le correlazioni tra forma e funzione possono essere onnipresenti in natura e possono esprimere la buona progettazione degli organismi e delle altre entità, ma non necessariamente hanno avuto origine direttamente per «adattamento» (nel senso di Williams 1966), ovvero tramite selezione diretta per la loro utilità attuale. In origine abbiamo ristretto la nostra discussione dell'*exaptation* a caratteri che sorgono a un livello e in seguito sono cooptati per una funzione differente allo stesso livello: le piume che si evolvono per la termoregolazione e più tardi sono cooptate per il volo, ad esempio. Ma la portata dell'*exaptation* diventa molto più ampia in una prospettiva gerarchica, poiché tutti i processi causali verso l'alto o verso il basso che generano nuovi caratteri potrebbero condurre a *exaptations*.

Le mutazioni sorgono per ragioni proprie al loro livello precipuo. Se il loro effetto fenotipico è tale da incontrare il favore della selezione operante sugli organismi, allora questi fenotipi mutanti sono *exaptations* a livello degli organismi. Afferriamo chiaramente questo principio per i processi causali verso l'alto, in quanto tutte le novità ereditabili emergenti che diventano soggetto di selezione possono essere descritte come *exaptations*. Ma il principio funziona anche per i processi causali verso il basso. L'estinzione di massa, per esempio, può generare un riallineamento generale della diversità della vita. Le nuove proporzioni e i nuovi tipi di creature disponibili al modellamento adattativo, per sopravvivere in ambienti ordinari rinnovati dopo un simile evento straordinario, formano un pool largamente fortuito di potenziale exattativo.

Questa espansione del ruolo dell'*exaptation* rispetto all'adattamento contiene un'importante lezione per la nostra attitudine di base verso la storia. Le ipotesi di ottimalità adattativa rappresentano il limite fino al quale possiamo ignorare la storia e trattare forma ed ecologia come un problema di equilibrio senza vincoli in un mondo senza tempo. L'*exaptation* incorpora invece tutto il carattere bizzarro della contingenza storica: ti aggiudichi un posto vantaggioso se qualche altro processo per un'altra ragione ti ha offerto dei benefici. La gerarchia e lo status exattativo della causalità tra livelli ci insegnano che abitiamo un mondo di enorme flessibilità e contingenza, un mondo costruito da una storia irreversibile.

La gerarchia e i processi causali tra livelli sono principi che riguardano lo status empirico delle cose, non sono meri modelli concettuali di spiegazione. Se la natura della gerarchia è di tipo fattuale, allora significa che è stata costruita storicamente e che la sua struttura attuale potrebbe fornire degli indizi sulle sue origini nel tempo.

Se assumiamo che le gerarchie generalmente sono costruite dal basso verso l'alto (i costituenti chimici devono aver preceduto i gruppi monofiletici), allora possiamo riconoscere due importanti caratteristiche delle genealogia gerarchica in quanto storicamente progressiva: la perdita di autonomia verso livelli più bassi e l'aumento di autonomia verso livelli più alti (Vrba e Eldredge 1984). Potremmo esprimere questo legame spazio-temporale accresciuto tra gli individui dei livelli più bassi in due modi: come conseguenza delle leggi della gerarchia (la causalità è asimmetrica, poiché il flusso verso il basso è ineluttabile mentre quello verso l'alto è soltanto possibile; i livelli più bassi sono più fortemente compressi e vincolati, mentre i livelli più alti sono più indipendenti); come risultato della storia (poiché le gerarchie si costruiscono e gli elementi vengono incorporati come parti funzionanti di un sistema complesso, i loro discendenti evolvono da entità egoiste e competitive a entità mutuamente interagenti).

L'incorporare e il formare legami più stretti sono temi ricorrenti nell'evoluzione: dagli esoni indipendenti ai cluster di geni, dai procarioti agli eucarioti, dalla riproduzione asessuata a quella sessuata, dall'organizzazione unicellulare a quella pluricellulare, dai parassiti ai simbionti. Gli individui ai livelli più bassi si aggregano e perdono la loro indipendenza, mentre gli individui a livelli più alti non sono così fortemente vincolati e le loro parti conservano più autonomia. Le specie come individui di alto livello sono condizionate da pochi livelli superiori e soggette a una relativamente piccola dipendenza dal contesto (derivante dai loro gruppi monofiletici). Esse sono largamente circoscritte nello spazio e nel tempo dalle condizioni esterne degli ambienti, dalle preferenze di habitat degli organismi che le compongono nello spazio, dai capricci dei cambiamenti ambientali nel tempo. Al contrario, i legami spazio-temporali tra gli organismi derivano da programmi epigenetici interni che, insieme a cause ambientali, determinano le loro forme e aspettative di vita. Gli organismi che si riproducono per via sessuata sono in aggiunta vincolati, dall'alto, dalla struttura della popolazione poiché devono riconoscere e accoppiarsi con un altro individuo conspecifico per assicurarsi la sopravvivenza genetica. Mentre il successo differenziale degli organismi è, per la maggior parte, condizionato dalla loro stessa interazione con l'ambiente, il successo differenziale di individui a livelli ancora più bassi, cioè geni e cellule, è quasi interamente vincolato dagli imperativi dell'organismo nel suo insieme (altrimenti, se non è regolato in questo modo, produce risultati disastrosi a molti livelli, come nel caso del cancro).

Il concetto di progresso è stato particolarmente insidioso nella storia della biologia evoluzionistica. Darwin esplicitamente negava che potesse essere una logica conseguenza della selezione naturale (che produce soltanto adattamento locale, non vantaggi generali), ma lo ha surrettiziamente reintrodotto in modo indiretto (Gould 1985) poiché non poteva negare né la sua cultura ossessionata da quell'idea né l'incedere maestoso della storia della vita dai primi procarioti alla più recente intelligenza. La gerarchia potrebbe risolvere la questione spiegando il debole ed effimero vettore del progresso della vita come il risultato di principi strutturali più profondi e più generali rispetto alla selezione naturale. Se un sistema storico comincia con componenti semplici (come fece presumibilmente il nostro) e se la complessità richiede gerarchia e associazione di individui di livello inferiore in entità più grandi (con una parziale soppressione della loro indipendenza e uno status alterato in quanto parti di un tutto più grande), allora un ingranaggio strutturale predeterminerà una complessità crescente – «progresso», se volete – in quanto costruita storicamente attraverso la gerarchia.

Una simile prospettiva solleva interessanti domande circa la vita sulla Terra. Potrebbe la Terra aver visto la sconfitta di diversi «esperimenti» di vita perché non si sono aggregati gerarchicamente? Possono le parti legate che una volta erano autonome, gli individui a livelli inferiori, riguadagnare la loro indipendenza? Potremmo interpretare alcuni virus come unità sfuggite che hanno riconquistato l'autonomia? In ogni caso, se la gerarchia costruita storicamente è un prerequisito per la complessità, potremmo includere l'intelligenza tra i suoi improbabili risultati e riconoscere la gerarchia come la precondizione della nostra capacità di analizzarla. Dobbiamo anche ammettere che la teoria di Darwin non ha l'ampiezza per includere i nuovi tipi di dati che sempre più vengono alla luce. Affermando questo, non stiamo semplicemente riferendoci alla finora insospettata presenza di particolari parti del genoma o di fossili aggiuntivi. Piuttosto, i modelli che questi nuovi dati configurano parlano chiaramente di leggi evolutive che vanno oltre il neodarwinismo. Benché ora possiamo soltanto intravedere «attraverso un vetro oscurato» il funzionamento dei geni, lo sviluppo degli organismi e le vite delle specie nella macroevoluzione, riusciamo a sbirciare già abbastanza per sapere che la gerarchia estesa di livelli è una realtà. Darwin, che brillantemente ha dedotto così tanto a partire da informazioni assai più scarse, fu molto più pluralista nelle sue esplorazioni concettuali della maggior parte dei suoi epigoni. Dobbiamo riconquistare questo spirito di scoperta.

Bibliografia

Arnold, A. J. e K. Fristrup 1982. *The theory of evolution by natural selection: a hierarchical expansion*, in «Paleobiology», vol. 8, pp. 113-29.

Campbell, T. 1974. *«Downward causation» in hierarchically organised biological systems*, in F. J. Ayala e T. Dobzhansky (a cura di), *Studies in the philosophy of biology*, University of California Press, San Francisco, pp. 179-86.

Cracraft, J. 1982. *A nonequilibrium theory for the rate-control of speciation and extinction and the origin of macroevolutionary patterns*, in «Systematic Zoology», vol. 31, pp. 348-65.

Dawkins, R. 1978. *Replicator selection and the extended phenotype*, in «Zeitschrift für Tierpsychologie», vol. 47, pp. 61-76.

Doolittle, W. F. 1982. *Selfish DNA after fourteen months*, in G. A. Dover e R. B. Flavell (a cura di), *Genome evolution*, Academic Press, London, pp. 3-28.

Doolittle, W. F. e C. Sapienza 1980. *Selfish genes, the phenotype paradigm and genome evolution*, in «Nature», vol. 284, pp. 601-03.
Dover, G. A. 1980. *Ignorant DNA?*, in «Nature», vol. 285, pp. 618-20.
Dover, G. A., S. Brown, E. E. Coen, J. Dallas, T. Strachan e M. Trick 1982. *The dynamics of genome evolution and species differentiation*, in G. A. Dover e R. B. Flavell (a cura di), *Genome evolution*, Academic Press, London, pp. 343-72.
Elder, J. T., J. Pan, C. H. Duncan e S. M. Weissman 1981. *Transcriptional analysis of interspersed repetitive polymerase III transcription units in human DNA*, in «Nucleic Acids Research», vol. 9, pp. 1171-89.
Eldredge, N. e J. Cracraft 1980. *Phylogenetic patterns and the evolutionary process. Method and theory in comparative biology*, Columbia University Press, New York.
Eldredge, N. e S. J. Gould 1972. *Gli equilibri punteggiati: un'alternativa al gradualismo filetico*, in N. Eldredge, *Strutture del tempo*, Hopefulmonster, Firenze 1991.
Filippi, G. A., R. Rinaldi, R. Palmarioni, E. Seravalli e M. Siniscalco 1977. *Linkage disequilibrium for two X-linked genes in Sardinia and its bearing on the statistical mapping of the human X chromosome*, in «Genetics», vol. 86, pp. 119-212.
Fisher, R. A. 1930. *The genetical theory of natural selection*, seconda edizione, Dover, New York 1958.
Ford, E. B. 1964. *Ecological genetics*, 3ª ed., Chapman & Hall, London 1971.
Futuyma, D. J. 1979. *Biologia evoluzionistica*, Zanichelli, Bologna 1985.

Ghiselin, M. T. 1974. *A radical solution to the species problem*, in «Systematic Zoology», vol. 25, pp. 536-44.

Gilinsky, N. L. 1987. *Species selection as a causal process*, in «Evolutionary Biology», vol. 20, pp. 249-73.

Golubovsky, M. D. 1978. *Two types of instability of singed alleles isolated from populations of* Drosophila melanogaster *during mutation outburst in* 1973, in «Drosophila Information Service», vol. 53, pp. 171.

Goud, S. J. 1982a. *Darwinism and the expansion of evolutionary theory*, in «Science», vol. 216, pp. 380-87.

– 1982b.*The meaning of punctuated equilibrium, and its role in validating a hierarchical approach to macroevolution*, in R. Milkman, *Perspectives on Evolution*, Sinauer, Sunderland, pp. 83-104.

– 1985. *The paradox of the first tier: an agenda for paleobiology*, in «Paleobiology», vol. 11, pp. 2-12.

Gould, S. J. e N. Eldredge 1977. *Punctuated equilibria: The tempo and mode of evolution reconsidered*, in «Paleobiology», vol. 3, pp. 115-51.

Gould, S. J. e E. Vrba 1982. Exaptation*: un termine che mancava nella scienza della forma*, in Exaptation. *Il bricolage dell'evoluzione*, a cura di T. Pievani, Bollati Boringhieri, Torino 2008, pp. 6-53.

Greenacre, M. J. e E. Vrba 1984. *A correspondence analysis of biological census data*, in «Ecology», vol. 65, pp. 984-97.

Hansen, T. A. 1978. *Larval dispersal and species longevity in lower tertiary gastropods*, in «Science», vol. 199, pp. 885-87.

Hull, D. L. 1974. *Philosophy of biological science*, Prentice-Hall, Engelwood Cliffs.

– 1980. *Individuality and selection*, in «Annual Review of Ecological Systems», vol. 11, pp. 311-32.

Kettlewell, H. B. D. 1958. *Industrial melanism in the* Lepidoptera *and its contribution to our knowledge of evolution*, in «Proceedings of 10th International Congress of Entomologists», vol. 2, pp. 831-41.

Lande, R. 1979. *Effective deme sizes during long-term evolution, estimated from rates of chromosomal rearrangement*, in «Evolution», vol. 33, pp. 234-51.

Lewis, H. 1961. *Experimental sympatric populations of* Clarkia, in «American Naturalist», vol. 95, pp. 155-68.

Lewontin, R. C. 1970. *The units of selection*, in «Annual Review of Ecology and Systematics», vol. 1, pp. 1-16.

Linsley, D. L. e E. H. Grell 1944. *Genetic variations of* Drosophila melanogaster, in «Carnegie Institution of Washington», vol. 627, pp. 1-471.

Maynard Smith, J. 1978. *The evolution of sex*, Cambridge University Press, London.

Orgel, L. E., e F. H. C. Crick 1980. *Selfish DNA: the ultimate parasite*, in «Nature», vol. 284, pp. 604-07.

Paterson, H. E. H. 1982. *Perspective on speciation by reinforcement*, in «South African Journal of Science», vol. 78, pp. 53-57.

Pattee, H. H. 1970. *The problem of biological hierarchy*, in C. H. Waddington (a cura di), *Towards a theoretical biology*, Edinburgh University Press, Edinburgh, pp. 117-36.

Raup, D. M., S. J. Gould, J. M. Schopf e D. Simberloff 1973. *Stochastic models of phylogeny and the evolution of diversity*, in «The Journal of Geology», vol. 81, pp. 525-42.
Raup, D. M. e S. J. Gould 1974. *Stochastic simulation and evolution of morphology – Towards a nomothetic paleontology*, in «Systematic Zoology», vol. 23, pp. 305-22.
Shapiro, J. A. 1983. *Variation as a genetic engineering process*, in D. S Bendall (a cura di), *Evolution from molecules to men*, Cambridge University Press, Cambridge.
Sober, E. e R. C. Lewontin 1982. *Artifact, cause, and genic selection*, in «Philosophy of Science», vol. 47, pp. 157-80.
Stanley, S. M. 1975. *A theory of evolution above the species level*, in «Proceedings of the National Academy of Sciences USA», vol. 72, pp. 645-50.
– 1979. *Macroevolution: Pattern and process*, W. H. Freeman, San Francisco.
Stearns, S. C. 1982. *The role of development in the evolution of life histories*, in Bonner J. T. (a cura di), *Evolution and development*, Springer-Verlag, Berlin, pp. 237-56.
Templeton, A. R. 1982. *Adaptation and the integration of evolutionary forces*, in R. Milkman (a cura di), *Perspectives on Evolution*, Sinauer, Sunderland, pp. 15-31.
Vrba, E. S. 1980a. *Evolution, Species and Fossils: How Does Life Evolve?*, in «South African Journal of Science», vol. 76, pp. 61-84.
– 1980b. *The significance of bovid remains as indicators of environment and predation patterns*, in A. K. Behrensmeyer e A. P. Hill, *Fossils in the making* (a cura di), The University of Chicago Press, Chicago, pp. 247-71.

– 1983. *Macroevolutionary trends: New perspectives on the roles of adaptation and incidental effect*, in «Science», vol. 221, pp. 387-89.
– 1984a. *Evolutionary pattern and process in the sister group* Alcelaphinae-Aepycerotini (Mammalia: Bovidae), in N. Eldredge e S. M. Stanley (a cura di), *Living fossils*, Springer-Verlag, New York, pp. 62-69.
– 1984b. *What is species selection?*, in «Systematic Zoology», vol. 33, pp. 318-28.
Vrba, E. S. e N. Eldredge 1984. *Individuals, hierarchies and processes: towards a more complete evolutionary theory*, in «Paleobiology», vol. 10, pp. 123-64.
Williams, G. C. 1966. *Adaptation and natural selection*, Princeton University Press, Princeton.
Wilson, A. C., G. L. Bush, S. M. Case e M. C. King 1975, *Social structuring of mammalian populations and rate of chromosomal evolution*, in «Proceedings of the National Academy of Sciences USA», vol. 72, pp. 5061-65.
Wright, S. 1941. *On the probability of fixation of reciprocal translocations*, in «American Naturalist», vol. 75, pp. 513-22.
Wright, S. 1956. *Modes of selection*, in «American Naturalist», vol. 90, pp. 5-24.

Exaptation. Storia di un concetto

Telmo Pievani

> Per bene che sia compresa l'utilità di un qualsiasi organo fisiologico (o anche di un'istituzione giuridica, di un costume sociale, di un uso politico, di una determinata forma nelle arti o nel culto religioso), non è per ciò stesso ancora compreso nulla relativamente alla sua origine: comunque ciò possa suonare molesto o sgradevole. Da tempo immemorabile, infatti, si è creduto di comprendere nello scopo comprovabile, nell'utilità di una cosa, di una forma, di un'istituzione, anche il suo fondamento di origine, e così l'occhio sarebbe stato fatto per vedere, la mano per afferrare.
>
> Friedrich Nietzsche 1887; trad. it., p. 66

«Parafrasando il sig. Huxley in un famoso contesto, io sono disposto ad andare al rogo per l'*exaptation*, poiché questo nuovo termine si trova in notevole contrasto con *adaptation*, definendo in tal modo una distinzione che si colloca al cuore della teoria dell'evoluzione e colmando anche un vuoto imbarazzante nel nostro precedente lessico relativo ai processi fondamentali nella storia della vita» (Gould 2002; trad. it. p. 1540). Così lanciava il guanto della sfida Stephen J. Gould nel capitolo XI del suo monumentale testamento scientifico, dato alle stampe poco prima di morire.

È un'espressione rutilante che contiene tutta l'energia di una controversia che aveva radici antiche nella storia del pensiero biologico e che attingeva direttamente a una delle principali obiezioni rivolte fin dall'inizio all'impianto esplicativo della teoria dell'evoluzione di Charles Darwin. Il concetto di adattamento, che precede la visione evoluzionistica, più che una soluzione si era infatti rivelato per certi aspetti un problema. Non a caso, la stupefacente (anche se forse sopravvalutata) perfezione meccanica dell'occhio e di altri adattamenti funzionali aveva ispirato a William Paley, nella *Natural Theology* del 1802, parole di estatica ammirazione per la saggezza progettuale del Sommo Architetto della vita. Poi la selezione naturale aveva reso superfluo il ricorso a preveggenze e a provvidenziali «disegni intelligenti», ma qualche residuo teleologico era rimasto nella parola stessa «ad-attamento».

«La maggiore difficoltà di tutta la mia teoria»

Darwin comprese la centralità della questione e concentrò spesso il suo impegno di osservatore sui particolari curiosi, sugli «espedienti» e su quelle strutture evolutesi in modo bizzarro da forme ancestrali differenti. Come notò il biologo Michael Ghiselin, la scoperta della straordinaria ingegnosità della natura nel riciclare i materiali organici disponibili risale proprio al naturalista inglese, che nel suo studio analitico sulle orchidee del 1862 elencò un'incredibile varietà di espedienti elaborati da questi vegetali per attirare su di sé gli insetti e garantire le fecondazioni incrociate. Già sentiva, forse, che il nocciolo della controversia fra evoluzionismo e fissismo si sarebbe giocato anche sulle «stranezze» della natura, e non soltanto sui percorsi evolutivi apparentemente ottimali. Restava tuttavia il problema che il concetto di adattamento, e a maggior ragione quello di «più adatto», era scivoloso e ambiguo, poiché nel linguaggio comunemente usato dai biologi designava sia il processo di accomodamento alle circostanze ambientali per opera della selezione naturale sia il prodotto di tale processo, cioè il singolo «tratto» adattativo.

Inoltre, come fece notare a Darwin un acuto avversario, George St. Mivart, un'accezione troppo stringente di adattamento progressivo rischiava di porre in contraddizione fra loro due principi altrettanto indispensabili per la teoria dell'evoluzione: da una parte, la continuità graduale del cambiamento, che si accumula di generazione in generazione; dall'altra, la presenza costante e necessaria di una ragione funzionale per ciascuna struttura di fase in fase, che sia «visibile» dalla selezione e offra un «vantaggio», per quanto infinitesimale. Com'è possibile che ingranaggi così sofisticati e delicati come quelli di un occhio possano essere stati costruiti, passo dopo passo, dalla selezione naturale? A che cosa poteva servire l'inizio di un occhio o il cinque per cento di un'ala, visto che l'uno non permette di vedere né l'altro di volare? Il cinque per cento di una mimetizzazione non serve certo a nascondere una preda al suo predatore. Era forse necessario rinunciare alla gradualità ipotizzando che questi adattamenti si fossero sviluppati tutti d'un colpo, a causa di una forza interna o seguendo certi piani strutturali prefissati, oppure immaginare che la natura fin dall'inizio volesse costruirli proprio in quel modo in vista della loro utilità futura, reintroducendo così surrettiziamente le cause finali nell'evoluzione?

Si trattava di due soluzioni egualmente inaccettabili per lo scopritore della selezione naturale. Nel capitolo 6 della sesta edizione del 1872 de *L'origine delle specie*, intitolato «Difficoltà della teoria», Darwin inserisce un intero paragrafo sugli «organi di estrema perfezione e complessità», nel quale ammette onestamente il problema. Come farà notare nuovamente Edwin D. Cope nel 1887, la selezione naturale sembra incapace di render conto dell'evoluzione degli stadi incipienti di strutture particolarmente elaborate, dove molte parti devono interagire fra loro in un'«organizzazione» e dove la mancanza di un componente rischia di far fallire qualsiasi vantaggio adattativo.

Che questa potesse essere «la maggiore difficoltà di tutta la mia teoria» – cioè spiegare come la selezione avesse trasformato le strutture organizzate «conservando le relazioni fra le loro parti» – il naturalista inglese lo aveva peraltro già scritto, non ancora trentenne, nei «Taccuini della trasmutazione» compilati subito dopo il ritorno del Beagle, in particolare nel Taccuino C del 1838 (Darwin 1836-1844). Pochi mesi dopo però, nel Taccuino E, riflettendo sui «curiosi meccanismi di respirazione dei crostacei», si lascia attrarre da uno spunto contenuto nella «Storia naturale dei crostacei» di Henri Milne-Edwards del 1834, dove l'autore fa notare che forse in questi casi è meglio non ipotizzare che «un organo nuovo sia stato introdotto ad hoc», bensì che un'appendice di formazione più antica sia stata «in parte deviata dalla sua destinazione ordinaria e leggermente modificata nella sua conformazione per divenire capace di adempiere alle sue nuove funzioni».

Erano dunque trascorsi decenni di meditazioni su questo punto e finalmente nel 1872 Darwin avanza alcune ipotesi esplicative che si riveleranno molto interessanti, per quanto speculative. La prima spiegazione è la più prevedibile ed è preceduta da «la ragione mi dice che»: la selezione procede nella costruzione dell'organo attraverso una lunga serie di trasformazioni continue, di variazioni ereditarie e di stadi intermedi di evoluzione, ciascuno dei quali utile a chi lo possiede. Così si passa, attraverso «numerose gradazioni» che ancora non conosciamo, da un occhio semplice e imperfetto a uno complesso e perfetto.

Darwin, tuttavia, non sembra del tutto soddisfatto. In questa prima ipotesi ausiliare, l'utilità attuale e l'origine storica coincidono, ma forse non è necessario che ciò avvenga sempre. Quel che conta è che vi sia una continuità nel successo riproduttivo differenziale, cioè nell'azione della selezione naturale sulle popolazioni di organismi, e non tanto una continuità nella funzione assunta dal singolo organo. L'abbozzo di un'ala potrebbe benissimo aver svolto una funzione diversa da quella del volo ed essere quindi «pre-adattata», e non direttamente adattata, al volo. L'utilità attuale di un carattere viene scissa dalla sua origine storica. Gli stadi incipienti di una struttura devono aver portato un qualche vantaggio riproduttivo ai loro possessori, che poi è stato «convertito» opportunisticamente in un beneficio differente al mutare delle condizioni locali di specie in specie. È dunque possibile che gli stadi primitivi e intermedi di strutture attuali non avessero la funzione che poi assumeranno.

Questa seconda soluzione viene seguita, nell'argomentazione darwiniana, da un corollario non meno importante: se le funzioni cambiano, significa che nell'evoluzione non è normale che vi sia una stabile corrispondenza «uno a uno» fra una struttura e una funzione. Meglio tollerare una certa ridondanza. Una singola funzione potrà essere svolta da più organi, di modo che, all'occorrenza, uno di questi possa essere «cooptato» e specializzato per nuovi utilizzi senza che la fitness complessiva dell'organismo ne risenta. Viceversa, un singolo organo potrà espletare più funzioni, alcune soltanto marginali, ma pronte per essere «reclutate» all'occasione.

Parti dell'organismo selezionate per una certa funzione ancestrale, dunque, vengono «riadattate» o cooptate per funzioni nuove, eventualmente incrementando la loro complessità strutturale. La continuità è salva, perché è plausibile che la funzione ancestrale continui a essere soddisfatta anche quando la nuova funzione sta subentrando, e poi prevalendo, in virtù di nuove pressioni selettive. L'ipotesi di Darwin, che rappresenta la sfondo delle argomentazioni che troviamo nei due saggi che precedono, è quindi che alla continuità di una trasformazione morfologica per selezione non necessariamente corrisponda una continuità della funzione. Il cinque per cento di ala non si è evoluto «per» volare né la struttura alare è comparsa all'improvviso pronta all'uso. È stata piuttosto convertita più volte attraverso ingegnosi e contingenti riusi – diversi di filogenesi in filogenesi, ma anche ricomparsi più volte per convergenza adattativa – dalla termoregolazione alla corsa o al volo planato, da questo al volo battuto.

Darwin ora appare soddisfatto delle sue due ipotesi aggiuntive, al punto da impegnarsi (anche troppo) in una predizione rischiosa: «Se si potesse dimostrare l'esistenza di un qualsiasi organo complesso che non possa essersi formato attraverso modificazioni numerose, successive, lievi, la mia teoria dovrebbe assolutamente cadere. Ma non riesco a trovare alcun caso simile» (p. 242).

Dal pre-adattamento all'exaptation

I paleontologi Stephen J. Gould ed Elisabeth Vrba sono stati i primi, negli anni ottanta del secolo scorso, a cogliere le potenzialità euristiche di questo secondo suggerimento darwiniano. Ne hanno modificato la terminologia, lo hanno integrato in alcuni punti fondamentali – conservandone però l'architettura argomentativa – e hanno mostrato come esso sia stato ampiamente disatteso, per interessanti ragioni, da buona parte degli epigoni di Darwin. Gould e Vrba compresero che grazie a questa chiave sarebbe stato possibile liberare il concetto di adattamento dai residui teleologici che molte «storie proprio così» e altrettante ricostruzioni edificanti di funzionalità ottimali recavano con sé. Con l'ipotesi darwiniana del «pre-adattamento», per troppo tempo dimenticata, la semplice esistenza di una struttura ben funzionante oggi non era più una prova automatica del fatto che vi fosse stato fin dall'inizio un adattamento per quella funzione.

A onor del vero, il termine «pre-adattamento» non aveva giovato alla fortuna dell'intuizione originaria: esso mantiene infatti l'eco di un approccio vagamente finalistico all'adattamento, giacché né la specie né l'organismo possiedono ovviamente alcuna «pre-visione» circa l'applicazione futura di un organo che si chiamerà «occhio» o «ala». Il prefisso «pre» implica forse un'accentuazione eccessiva dell'utilità potenziale futura del carattere in questione. Nella realtà, le funzioni che si susseguono possono essere completamente indipendenti e contingenti l'una rispetto all'altra. George Williams, uno dei padri della Sintesi evoluzionistica Moderna, nel suo classico *Adaptation and Natural Selection* del 1966, propose di attribuire il termine *adaptation* soltanto a quei caratteri plasmati dalla selezione naturale per la funzione che svolgono effettivamente oggi, riservando a tutti gli altri casi di conversione funzionale *in itinere* il termine di *effect* (effetto). Gould e Vrba partirono proprio da qui e costruirono nel 1982 una tassonomia estesa e pluralista dei meccanismi che favoriscono la sopravvivenza.

Nei due saggi che troviamo qui, per la prima volta tradotti in italiano, gli autori descrivono l'insieme generale dei caratteri definibili come *aptations*, cioè tutte le caratteristiche biologiche in qualche modo utili (*aptus*) per il benessere degli organismi, dividendolo in due sottoinsiemi: il sottoinsieme dei caratteri plasmati dalla selezione per la funzione che ricoprono attualmente (*adaptations*); e il sottoinsieme dei caratteri formatisi per una determinata ragione, o anche per nessuna ragione funzionale iniziale, e poi resisi disponibili alla selezione per il reclutamento attuale. Per tutti i casi del secondo tipo, in cui vi sia una cooptazione, in vista di nuove funzioni, di struttura impiegate in passato per funzioni diverse o per nessuna funzione, propongono il termine *ex-aptation*, cioè strutture resesi utili (*aptations*) in conseguenza della loro struttura o forma (*ex*).

Come aveva già notato Darwin ne *L'Origine*, le suture del cranio nei piccoli di mammifero sono indispensabili al momento del parto, ma chiaramente non sono un *adaptation* per il parto poiché suture simili sono presenti anche nei rettili e negli uccelli, che non ne hanno alcun bisogno dovendo soltanto uscire da un uovo rotto. Nei mammiferi, le suture sono un carattere che ha un ottimo *effetto* nel parto, ma che non esistono in «funzione» del parto: «possiamo dedurre che questa struttura è sorta dalle leggi dello sviluppo ed è stata utilizzata per il parto negli animali superiori», conclude Darwin (p. 255). Da ciò si evince chiaramente, a dispetto di taluni fraintendimenti successivi, che il concetto di *exaptation* non sostituisce quello di adattamento, ma lo integra e lo rimodella, e che non implica affatto il ricorso a «discontinuità» improvvise o salti di funzione, poiché al contrario nasce proprio per facilitare la comprensione di come organi complessi siano potuti evolvere seguendo un percorso di trasformazioni continuative.

Gli *exaptations* stanno dunque alla base della teoria dell'evoluzione fin dalla sua prima formulazione, come una sottocategoria di tutti i caratteri che contribuiscono alla sopravvivenza. Alcuni di questi sono plasmati direttamente dalla selezione naturale per l'utilità attuale, altri sono cooptazioni funzionali successive, come in un altro celebre caso darwiniano introdotto ne *L'Origine*: «L'esempio della vescica natatoria nei pesci è particolarmente appropriato, perché dimostra chiaramente un fatto molto importante: che un organo originariamente costruito per uno scopo, cioè la funzione idrostatica, può trasformarsi in un organo capace di una funzione completamente diversa, cioè la respirazione» (p. 243).

Cambiamenti funzionali e «pennacchi»

Eppure, nella sua fedeltà al pluralismo darwiniano originario, il concetto di *exaptation* nasconde alcuni elementi di profonda rottura rispetto a certe forme di «darwinismo» più recenti. L'*exaptation* è «il termine che mancava nella scienza della forma» perché con esso la funzione non precede sempre la forma, determinandola, ma le funzioni possono variare a partire da forme e strutture già consolidate. In tal modo, l'evoluzione non appare più come il regno di un'ottimalità adattativa imposta da una selezione naturale intesa come un meticoloso ingegnere che plasma gli organismi a proprio piacimento, bensì come il risultato polimorfico di adattamenti secondari e sub-ottimali, di riusi ingegnosi e di bricolage imprevedibili. L'impiego adattativo attuale (più o meno soddisfacente) di una struttura non implica che sia stata costruita per quello. L'utilità attuale e la comparsa iniziale di un carattere devono essere distinte: dedurre la seconda dalla prima può essere in gran parte dei casi un errore.

Si tratta quindi di una prospettiva eccentrica rispetto a taluni stereotipi sull'evoluzione come «problem solving» ambientale, ma sicuramente feconda se pensiamo alle scoperte che si sono accumulate dalla pubblicazione di questi saggi a oggi. Secondo Gould e Vrba, il ruolo di un organo o di un comportamento non si misura più soltanto con la funzionalità specifica di momento in momento, ma anche con la cooptabilità per altri ruoli. È una biologia delle potenzialità, più che delle necessità. Gli organismi sono anche il risultato di sequenze di rabberciamenti adattativi a partire dai materiali disponibili.

Nell'ipotesi del pre-adattamento Darwin aveva mantenuto un forte accento sulla presenza costante di una ragione funzionale «visibile» dalla selezione: le funzioni cambiano nel tempo e si sovrappongono, ma una funzione almeno è sempre attiva lungo tutto il processo e la selezione naturale non smette mai di agire. Un secolo dopo, Gould e Vrba radicalizzano ed estendono il concetto, poiché nell'*exaptation* è anche possibile che la struttura originaria si sia formata in assenza di qualsiasi ragione funzionale, cioè come conseguenza collaterale di altri cambiamenti, come inserzione neutrale rispetto alla selezione, come atavismo o come effetto strutturale, come prodotto insomma di quell'integrazione strutturale dell'organismo che già Darwin ravvisava nelle «correlazioni di crescita».

Questa categoria dei «pennacchi architettonici» (*spandrels*) sviluppatisi per ragioni non adattative e poi ingegnosamente reclutati, all'occorrenza e non necessariamente, dalla selezione naturale, servirà poi ai due autori nel 1986 – nel secondo saggio qui presentato – a estendere il concetto di *exaptation* ai differenti livelli di una gerarchia tripartita dell'evoluzione (geni, organismi, specie).

Questa è la seconda differenza importante rispetto alle ipotesi darwiniane iniziali. L'idea, ripresa negli anni successivi da Gould insieme all'epistemologa Elisabeth Lloyd (Gould e Lloyd 1999), è che un tratto adattativo a un livello possa diventare un effetto indiretto o un *exaptation* a un altro livello (*cross-level spandrels*). La selezione naturale che agisce a livello degli organismi, attraverso il loro successo differenziale (qualcuno sopravvive meglio e più a lungo di altri), viene inserita in una tassonomia più ampia di processi che, valicando i confini tra i livelli verso il basso o verso l'alto, generano il successo differenziale dei differenti «individui» in evoluzione, siano essi geni, organismi o intere specie.

Il bacino di potenziali *exaptations* si allarga dunque passando attraverso le interfaccia fra geni e organismi e fra organismi e specie, includendo in linea teorica tutte le mutazioni genetiche dette comunemente «casuali» – in quanto le loro cause sarebbero «exattative» rispetto agli effetti potenziali che avranno a livello dei fenotipi degli organismi – e anche alcune caratteristiche adattative degli organismi che si propagano a livello di specie incrementando o deprimendo in modo exattativo la capacità di evoluzione (o «evolvibilità») di queste ultime.

Il significato di questo tipo di *exaptations* è più radicale, perché non soltanto la comparsa iniziale non può essere inferita dall'utilità attuale, ma la stessa comparsa iniziale non è attribuita all'azione della selezione naturale. Non è un caso che le reazioni provenienti dal versante adattazionista si siano concentrate su una duplice strategia: considerare il primo tipo di *exaptation* (il vecchio pre-adattamento) come banale e completamente riconducibile alla tradizione neodarwiniana; bocciare il secondo tipo di *exaptation* come inammissibile o, nella peggiore delle ipotesi, del tutto marginale (Dawkins 1986; Dennett 1995). In una prospettiva panselezionista si ritiene infatti che un carattere non adattativo, per poter sopravvivere, debba essere o pressoché irrilevante, o molto marginale nella fisiologia dell'organismo, o comunque dipendente passivamente da altri caratteri adattativi.

Eppure, la casistica dei fenomeni di *exaptation* è oggi molto estesa (Coddington 1988). Alcune delle ipotesi che i due autori avanzano in questi saggi – sull'evoluzione delle piume nei dinosauri o sulla transizione fra pinne e arti – sono state confermate. La rilevanza evoluzionistica dei caratteri non adattativi e della loro cooptabilità nei sistemi biologici ha smesso da tempo di essere un tabù. Dodici anni dopo la sua formulazione, l'importanza operativa del concetto di *exaptation* fu oggetto di un importante saggio del biologo teorico E. N. Arnold (1994), i cui risultati rafforzarono notevolmente la consapevolezza del valore empirico del fenomeno. A esso seguirono molte ricerche applicative, che hanno portato negli ultimi dieci anni all'adozione della terminologia proposta da Gould e Vrba in ampi settori delle discipline evoluzionistiche. Simulazioni accurate e misurazioni quantitative basate sul ritmo di sostituzione neutrale nei geni di codifica delle proteine coinvolte in determinate strutture permettono oggi di fare previsioni attendibili su possibili transizioni funzionali avvenute o in corso (W. Hendriks, J. Leunissen, E. Nevo, H. Bloemendal e W. W. de Jong 1987). La categoria dell'*exaptation* è centrale nell'impianto esplicativo della biologia evoluzionistica dello sviluppo (*evo-devo*) ed è stata introdotta in modo efficace anche per spiegare alcuni cambiamenti cruciali intervenuti nell'evoluzione degli ominidi e della specie *Homo sapiens* (Tattersall 1998, 2002; Manzi 2007). Forse anche la storia naturale della mente umana è una sequenza di *exaptations* ben riusciti. In discipline oggi diversissime – dalla zoologia alla paleontologia, dalla biologia molecolare alle neuroscienze, sconfinando nella linguistica e nelle scienze cognitive – si usa in modo generalizzato il termine *exaptation* per indicare il riutilizzo di caratteri e strutture formatesi per tutt'altre ragioni (per una rassegna si veda Gould 2002).

Rivalutando in chiave non anti-darwiniana alcuni spunti della tradizione dello strutturalismo biologico, Gould e Vrba in questi saggi propongono in sostanza di ripensare le modalità di efficacia della selezione naturale. Essa non diviene affatto un meccanismo marginale dell'evoluzione né cessa di avere un ruolo fondamentale per spiegare la speciazione e la diversificazione dei viventi, come in una recente polemica alcuni studiosi, richiamandosi come Gould al potere delle «leggi della forma», hanno sostenuto. Piuttosto, la selezione naturale mostra di non essere omnipervasiva – come già Darwin peraltro notava – poiché ammette l'esistenza di ampi cataloghi di tratti non adattativi.

Ma soprattutto, con l'idea di *exaptation* capiamo che la selezione non agisce su organismi di creta indefinitamente plasmabili, come una stecca su palle da biliardo: la selezione opera altresì in un contesto di vincoli strutturali, di vincoli di sviluppo, di vincoli fisici, di costrizioni interne e di canalizzazioni. Deve trovare soluzioni di volta in volta soddisfacenti a partire dai limiti del materiale disponibile e raggiungere compromessi fra pressioni discordanti e resistenze interne degli organismi. I risultati saranno perciò molto spesso «epifenomeni cooptati» e rimaneggiamenti subottimali, per quanto durevoli. Qui Gould, che ha pubblicato nel 1977 *Ontogeny and Phylogeny* dopo sette anni di lavoro, anticipa molti dei temi che oggi l'*evo-devo*, le evidenze sulla regolazione genica, gli studi di epigenetica, le scoperte sui processi di «costruzione della nicchia» da parte degli organismi, unitamente a molti altri aggiornamenti recenti, hanno posto sul tappeto.

La predizione rischiosa di Darwin era troppo severa. Oggi sappiamo che esistono organi evolutisi attraverso modificazioni non numerose né lievi, per esempio nella regolazione dello sviluppo, ma non per questo la teoria dell'evoluzione per selezione naturale deve «assolutamente cadere» perché sappiamo anche che si tratta di mutazioni comunque filtrate dalla selezione o dalla deriva genetica in specifici contesti ecologici e in specifiche popolazioni di organismi. Inoltre, il preadattamento conteneva già in sé la giusta ricetta per ripensare le modalità di azione, da bricoleur più che da ingegnere, della selezione naturale stessa.

Verso una «sintesi evoluzionistica estesa»

Questi saggi ci consegnano allora anche una chiave di lettura preziosa per comprendere lo stato attuale del programma di ricerca evoluzionistico, per il quale autorevoli scienziati e filosofi della biologia propongono oggi la definizione di «sintesi evoluzionistica estesa». L'obiettivo polemico indiretto di questi due scritti degli anni ottanta – sulla scia del provocatorio saggio sui «pennacchi di San Marco» di Gould e Richard Lewontin del 1979 – è l'adattazionismo «alla Pangloss» allora di moda nella sociobiologia, e oggi diremmo in un'ampia parte della psicologia evoluzionistica prima maniera, residuale terreno di coltura del selezionismo ingenuo di certi commentatori affascinati da inesistenti «algoritmi darwiniani universali» e pronti ad applicare una loro fantasiosa caricatura del darwinismo a qualsiasi territorio dello scibile umano. Ma l'alternativa a queste forme di darwinismo stereotipato – che divide l'oggetto di studio in tratti distinti, li associa linearmente a una funzione geneticamente codificata e ricostruisce «storie adattative» tanto appetibili quanto infalsificabili a partire da mitici ambienti ancestrali – non è certo una qualche forma di antidarwinismo fisicalista o antifunzionalista, come talvolta si è voluto equivocare.

Quella che in questi scritti prende le mosse è un'operazione assai più articolata, che include la valorizzazione dell'originario pluralismo darwiniano, incubatore di alcuni nodi problematici poi rivelatisi cruciali (come appunto nel caso dell'*exaptation*), la revisione di alcune ipotesi darwiniane che non hanno retto all'usura del tempo, la costruzione di una tassonomia estesa e integrata dei fattori e dei meccanismi evolutivi – interni ed esterni, funzionali e strutturali, pur sempre coerenti con il nucleo darwiniano – e infine il rifiuto degli «indurimenti» speculativi degli ultradarwinisti che a detta di Gould oscuravano sia la ricchezza della tradizione darwiniana sia la vivacità degli sviluppi empirici più recenti della biologia evoluzionistica.

L'evoluzione, insomma, come trasformazione del possibile, variazione su temi noti, abile aggiustamento (*tinkering*) dell'esistente, diversa utilizzazione e regolazione della stessa informazione strutturale, ecco come sintetizzò questa metafora vincente il Nobel Francois Jacob, in una conferenza del 1977 a Berkeley: «Spesso senza progetti a lungo termine, il bricoleur dà ai suoi materiali funzioni non previste per la produzione di un nuovo oggetto. Da una vecchia ruota di bicicletta costruisce una carrucola, da una seggiola rotta ottiene la scatola per la radio. Allo stesso modo, l'evoluzione costruisce un'ala da una zampa, o un pezzo di orecchio con un frammento di mascella. Naturalmente ci vuole tempo. L'evoluzione si comporta come un bricoleur che nel corso di milioni e milioni di anni rimaneggia lentamente la sua opera, ritoccandola continuamente, tagliando da una parte, allungando da un'altra, cogliendo tutte le occasioni per modificare le vecchie strutture in vista delle nuove funzioni» (1978, p. 18).

Approfondimenti bibliografici

Stephen J. Gould ha analizzato le diverse tipologie di *exaptations* (cambiamenti funzionali e *spandrels*) in numerose opere e raccolte di saggi, fra le quali ricordiamo:

Gould, S.J. 1980. *Il pollice del panda*, Editori Riuniti, Roma 1983.

– 1983. *Quando i cavalli avevano le dita*, Feltrinelli, Milano 1984.

– 1985. *Il sorriso del fenicottero*, Feltrinelli, Milano 1987.

– 1987. *Un riccio nella tempesta*, Feltrinelli, Milano 1991.

– 1989. *La vita meravigliosa*, Feltrinelli, Milano 1990.

– 1991a. *Bravo brontosauro*, Feltrinelli, Milano 1992.

– 1991b. *Risplendi grande lucciola*, Feltrinelli, Milano 1994.

– 1993. *Otto piccoli porcellini*, Bompiani, Milano 1994.

– 2002. *La struttura della teoria dell'evoluzione*, Codice Edizioni, Torino 2003.

Il capitolo 11 de *La struttura della teoria dell'evoluzione*, dal titolo «L'integrazione di vincolo e adattamento (struttura e funzione) nell'ontogenesi e nella filogenesi: vincoli strutturali, pennacchi, ruolo centrale dell'*exaptation* nella macroevoluzione», è una summa delle sue riflessioni sull'argomento. Per ulteriori approfondimenti sui temi richiamati nella postfazione, segnaliamo:

Arnold, E. N. 1994. *Investigating the origins of performance advantage: Adaptation, exaptation and lineage Effects*, in «Phylogenetics and Ecology», The Linnean Society of London, London.

Chatterjee, S. 1997. *The beginning of avian flight*, in «Proceedings Symposium Sponsored by Arizona State University», pp. 311-35.

Coddington, J. A. 1988. *Cladistic tests for adaptational hypotheses*, in «Cladistic», vol. 4, pp. 3-22.

Darwin, C. 1836-1844. *Taccuini* 1836-1844, (Taccuino Rosso, Taccuino B, Taccuino E), Laterza, Roma-Bari 2008.

– 1859. *L'origine delle specie*, dalla 6ª ed. del 1872, Boringhieri, Torino 1967.

– 1877. *I diversi apparecchi per mezzo dei quali le orchidee vengono fecondate dagli insetti*, Utet, Torino 1883.

Dawkins, R. 1986. *L'orologiaio cieco*, Rizzoli, Milano 1990.

Dennett, D. 1995. *L'idea pericolosa di Darwin*, Bollati Boringhieri, Torino 1997.

Eldredge, N. 1995. *Ripensare Darwin*, Einaudi, Torino 1999.

Ghiselin, M. 1969 *Il trionfo del metodo darwiniano*, Il Mulino, Bologna 1981.

Gould, S. J. 1977. *Ontogeny and phylogeny*, Harvard University Press, Cambridge.

Gould, S. J. e R. C. Lewontin 1979. *I pennacchi di San Marco e il paradigma di Pangloss: critica al programma adattazionista*, in «Micromega», vol. 1, 2006, pp. 77-100.

Gould, S. J. e E. Lloyd 1999. *Individuality and adaptation across levels of selection*, in «Proceedings of the National Academy of Sciences. USA», vol. 96, pp. 11904-09.

Hendriks, W., J. Leunissen, E. Nevo, H. Bloemendal e W. W. de Jong 1987. *The lens protein alpha-A-crystallin of the blind mole rat spalax ehrenbergi: Evolutionary change and functional constraints*, in «Proceedings of the National Academy of Sciences», vol. 84, pp. 5320-24.

Jacob, F. 1978. *Evoluzione e bricolage*, Einaudi, Torino.

Manzi, G. 2007. *L'evoluzione umana*, Il Mulino, Bologna.

Nietzsche, F. 1887. *Genealogia della morale*, Fabbri, Milano 1998.

Pievani, T. 1999. *Il creatore distratto*, in *Encyclopaideia*, La Nuova Italia, Firenze, n. 2, pp. 31-48.

– 2002a. *Homo sapiens e altre catastrofi*, Meltemi, Roma.

– 2002b. Voce «Exattamento», in L. Casadio, U. Telfener (a cura di), *Sistemica. Voci e percorsi nella complessità*, Bollati Boringhieri, Torino 2002, pp. 324-28.

– 2003a. *Rhapsodic evolution: Essay on exaptation and evolutionary pluralism*, in «World Futures. The Journal of General Evolution», vol. 59, n. 2, pp. 63-81.

– 2003b. *The contingent subject. A radical theory of emergence in developmental processes*, in «Journal of European Psychoanalysis», n. 17, pp. 49-92.

– 2004. Exaptation: *la biologia dell'imprevedibile. Un approccio costruttivista all'idea di «adattamento»*, in P. Barbetta, M. Capararo, T. Pievani, *Sotto il velo della normalità.* Exaptation *e sistemi di cura*, Meltemi Editore, Roma 2004, pp. 13-141.

Pigliucci, M., J. Kaplan 2006. *Making sense of evolution*, The University of Chicago Press, Chicago.

Tattersall, I. 1998. *Il cammino dell'uomo*, Garzanti, Milano 1998.

– 2002. *La scimmia allo specchio*, Meltemi, Roma 2003.

Indice

incipit

Marco Bracconi

La mutazione

«Caro virus, io non so come ti comporti tu quando incontri un disinfettante, ma per noi morire è talmente increscioso che ogni volta pensiamo stia succedendo per la prima volta». Nella forma di una lettera al virus, in questo breve libro è come se Marco Bracconi riprendesse un discorso che era stato interrotto solo un istante prima dello scoppio della pandemia. Poi, l'irrompere del virus ha messo tutto in secondo piano per due mesi, durante i quali è successa una cosa nuova, dirompente: la Rete si è impossessata di noi ed è definitivamente diventata *necessaria*. In parte lo era anche prima, ma adesso non si torna indietro: «È finita» scrive Bracconi al virus, «la tua visita ha azzerato la carica virale di qualsiasi critica a Internet in quanto sistema-mondo».
La repentina accelerazione dell'immateriale è passata quasi inosservata mentre eravamo tutti impegnati nel lockdown e ora, improvvisamente, i corpi non ci sono più, sostituiti da connessioni, e-learning, smart working. Abbiamo lasciato che accadesse, ma «abbiamo preso in considerazione le ricadute sulle altre parti del sistema?»

Bollati Boringhieri

incipit

Donatella Di Cesare

Virus sovrano?

L'asfissia capitalistica

Un quadro suggestivo dell'evento epocale che ha già segnato il ventunesimo secolo. Dalla questione ecologica al governo degli esperti, dallo stato d'eccezione alla democrazia immunitaria, dal dominio della paura al contagio del complotto, dalla distanza imposta al controllo digitale: come sta già cambiando l'esistenza, quali potranno essere gli effetti politici nel futuro.
Il coronavirus è un virus sovrano che aggira i muri patriottici, le boriose frontiere dei sovranisti. E rivela in tutta la sua terribile crudezza la logica immunitaria che esclude i più deboli. La disparità tra protetti e indifesi, che sfida ogni idea di giustizia, non è mai stata così sfrontata. Il virus ha messo allo scoperto la spietatezza del capitalismo e mostra l'impossibilità di salvarsi, se non con l'aiuto reciproco, costringendo a pensare un nuovo modo di coabitare.

Bollati Boringhieri

incipit

Archimede

Metodo

Nel laboratorio del genio

a cura di Fabio Acerbi, Claudio Fontanaria
e Marialia Guardini

Conosciuto in antichità, passato nei secoli attraverso innumerevoli mani, da Gerusalemme a Costantinopoli a Parigi, perduto, cancellato e sovrascritto, il «palinsesto» archimedeo venne trascritto e pubblicato una prima volta nel 1907. Trafugato e ritrovato, il codice è stato infine messo all'asta da Christie's a New York, sottoposto a lettura con tecniche digitali (che hanno evidenziato porzioni di testo precedentemente ignote) e finalmente ripubblicato nel 2011. Quest'opera straordinaria, ora per la prima volta tradotta in italiano, ci offre un'occasione unica per entrare in contatto diretto, dopo oltre ventidue secoli, con la mente di uno degli uomini più geniali che siano mai vissuti. È il testamento scientifico di Archimede, il luogo nel quale il genio spiega il suo sistema per indagare la natura, che oggi appare di una modernità strabiliante. Attraverso le sue proposizioni traspare un procedimento, per così dire, «inverso»: non solo la mente che svela i comportamenti della materia per mezzo della matematica, ma anche la materia che domina la mente: la fisica che indica soluzioni alla matematica pura. Un capogiro di profondità e intelligenza.

CELVM · STELLATVM

Bollati Boringhieri

incipit

Marc Augé

Il mestiere dell'antropologo

a cura di Marco Aime

Un'affascinante riflessione sul mestiere dell'etnologo prima e dell'antropologo poi, e sulla materia della loro indagine. Con un piede dentro e l'altro fuori, l'antropologo intreccia la propria esistenza con quella di altri individui, finendo per essere continuamente sottoposto a tensioni tra la necessità di familiarizzare con una cultura nuova e quella di conservare il suo sguardo da lontano.
Augé ribadisce con forza l'autorevolezza della ricerca antropologica: «I nostri oggetti sono storici, ma non si cancellano: si trasformano. I nostri oggetti sono culturali, ma non sono inconfrontabili se in ogni cultura si impara il senso sociale che essa sistematizza».

Bollati Boringhieri

incipit

Thorstein Veblen

Il posto della scienza

a cura di Francesca Lidia Viano
e Carlo Augusto Viano

Qual è il ruolo della scienza nella società contemporanea? Questa domanda ritorna periodicamente nel dibattito pubblico, che si parli di biotecnologie, di fisica nucleare o di matematica finanziaria. Si tratta di una domanda antica, che ha spesso diviso il mondo tra fautori e detrattori del pensiero scientifico e che nel nostro paese, in particolare, ha visto la forte contrapposizione tra un fronte idealista e religioso da un lato e uno positivista e pragmatista dall'altro.
È sorprendente dunque che in un dibattito così serrato non siano mai stati pubblicati in italiano i due contributi cruciali che proponiamo in questo volume, scritti da Thorstein Veblen tra il 1906 e il 1908, nel contesto tumultuoso della seconda industrializzazione. Oggi questo libro svela un Veblen inedito, non economista ma epistemologo, il cui acume ha ancora molto da insegnarci.

Bollati Boringhieri